给孩子的
动物分类学图鉴

如何整理动物

如何整理动物：给孩子的动物分类学图鉴

[英] 朱尔斯·霍华德 [英] 费伊·埃文斯 著
[美] 凯尔茜·奥赛德 绘
邹征廷 译

图书在版编目（CIP）数据

如何整理动物：给孩子的动物分类学图鉴 / (英) 朱尔斯·霍华德, (英) 费伊·埃文斯著 ; (美) 凯尔茜·奥赛德绘 ; 邹征廷译. -- 北京 : 北京联合出版公司, 2022.3
ISBN 978-7-5596-5302-4

Ⅰ. ①如… Ⅱ. ①朱… ②费… ③凯… ④邹… Ⅲ. ①动物分类学—图集 Ⅳ. ①Q959-64

中国版本图书馆CIP数据核字(2021)第273774号

CREATURES OF THE ORDER
by Jules Howard and Fay Evans
Illustrated by Kelsey Oseid

出 品 人　赵红仕
选题策划　联合天际
责任编辑　牛炜征
特约编辑　余雯婧
封面设计　谭　欣
美术编辑　陈　玲

本作品简体中文专有版权经由
Chapter Three Culture独家授权。

出　　版　北京联合出版公司
　　　　　北京市西城区德外大街83号楼9层　100088
发　　行　未读（天津）文化传媒有限公司
印　　刷　天津联城印刷有限公司
经　　销　新华书店
字　　数　153千字
开　　本　710mm×1000mm　1/8　11印张
版　　次　2022年3月第1版　2022年3月第1次印刷
I S B N　978-7-5596-5302-4
定　　价　118.00元

未读CLUB
会员服务平台

给孩子的
动物分类学图鉴

如何整理动物

[英] 朱尔斯·霍华德　[英] 费伊·埃文斯 著
[美] 凯尔茜·奥赛德 绘
邹征廷 译

目录

第54页
第74页
第46页
第42页
第50页
第34页
第66页
第30页
第14页
第22页
第58页
第62页
第70页
第26页
第18页
第38页

简介

我们把拥有相似身体特征的动物归入一个特定的“目”中，每种已知的动物都是某个目的成员。同一个目里包含了很多不同的动物，但它们都拥有共同的特征，彼此有着亲缘关系。这本书将带你探索动物中最绚丽多彩的一些目，欣赏生命的组织形式及其背后的机制。我们将向你介绍有着几百年历史的动物分类学。它是一种艺术，同时又提供了一种理解生命的科学方式，让你对地球上的动物有更深刻的了解。

灰胸林鹩（liáo）

地球上生活着大量彼此关联的生命，令人眼花缭乱。但只要透过表象仔细观察，你就会发现其中的规律。不同的物种并不是完全孤立存在的，它们有着共同之处，有时甚至会与看起来完全不同的其他物种相关联。因此，我们可以把它们划分成一个一个的家族，这就是分类。有些动物是胎生的，有脊椎和肚脐眼，我们把它们称为哺乳类；有些动物长有翅膀和羽毛，并且会产下硬壳蛋，我们把它们命名为鸟类；还有一些能游泳、幼年是蝌蚪的生物，以及长了八条腿、爬行迅捷的生物，我们把它们分别归入两栖类和蛛形纲。我们已经按前面这些特征把动物大致分了类，但是，就在这每一类中，成员也非常丰富多样，需要进一步划分。

黄鲈

就好比哺乳动物，这个类群包括猫、狗、狼、猴、鼠及许多其他物种。我们还可以按生活方式将这么多的哺乳动物分成不同的小群体——每个群体有相同的特征。你可以说家鼠和小鼠是同样擅长啮咬的两个不同物种，猴子和猿是擅长攀爬的不同物种。而狼和虎是以追逐捕猎为特征的不同物种——作为食肉的哺乳动物，它们都有着肌肉强健的上下颌、大的犬齿和剪刀一样的臼齿，这些特征让它们成了捕猎高手。

擅长啮咬的、擅长攀爬的和擅长捕猎的——这三个小群体是哺乳动物这个大家族里面的小族群，也就是哺乳动物中不同的目。同样，鸟类、两栖类和蛛形纲也拥有不同的目。目是分类学中的重要概念，而分类学这一旨在研究生物分类的科学分支，已有几百年的历史了。

玳瑁

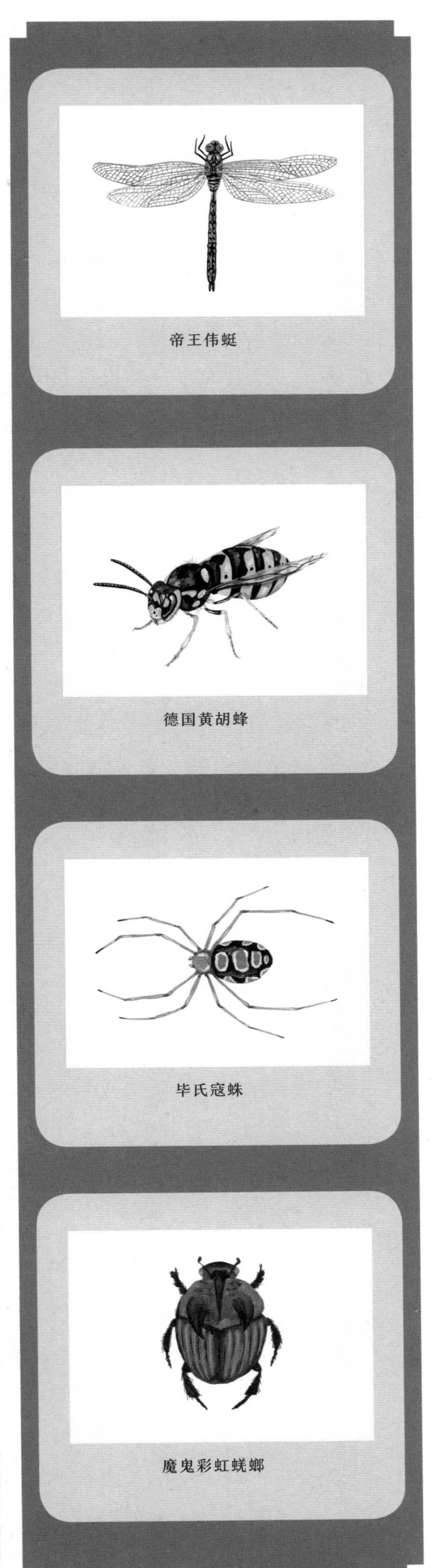
帝王伟蜓
德国黄胡蜂
毕氏寇蛛
魔鬼彩虹蜣螂

分类学的诞生要归功于一位著名的科学家，他就是瑞典博物学家卡尔·林奈。1735年，为了区分复杂的自然万物，林奈提出了一种巧妙的方法，把动物分成不同家族，而每个家族都可以进一步划分成更小的族群，甚至更进一步地划分。他对这些族群的命名至今仍在使用。

白掌长臂猿

每种动物（和植物）都有独一无二的学名。每个物种都从属于由亲缘关系相近的物种组成的“属”，而相近的属又合起来组成一个更大的“科”。亲缘关系相近的科组合成“目”，不同的目又组成了更大的“纲”，再高一级是“门”，然后是“界”（见第8~9页）。林奈创造了一套了解生物之间相似性和差异性的逻辑，并且为每一种动物和植物指出了它们在这套体系中的位置。这样，我们就能对有机生命体进行归类和区分了。在现代，分类学家在生物物种分类方面做出了惊人的贡献。他们每年都会给成千上万的新物种命名，并把这些新物种归入合适的门类之中。

分类学使我们看待动植物物种的方式发生了革命性的改变，让我们能够理解同一个目中的物种有着共同的适应性演化方向，同时又各有差异。鸣禽（雀形目）是鸟类中的一类，黄蜂、蜜蜂和蚂蚁（膜翅目）是昆虫中的一类，蜘蛛（蜘蛛目）是蛛形纲中的一类物种，而蛙和蟾蜍（无尾目）又是两栖动物中的一类。从一个分类学上的目中，我们就能看到自然的多样性和变化的无限可能，这实在令人惊叹。

翻开本书，你会发现里面的动物无论是在颜色还是体形上都大不相同，各有特点。但仔细观察，你又会发现每个物种和同一个目中的其他物种在某些关键性的方面具有相似之处。本书中的每一张插图都代表着地球上一种独特的生命形式，即使在同一个目中，哪怕只有一点点差异，每一种物种也都各自适应了不同的环境和生活方式。

这就是动物分类学。

穴小鸮

动物的分类

我们可以把地球上的生命划分成不同的门类，这些门类早在两百多年前就由瑞典博物学家卡尔·林奈定义好了。林奈把数以千计的动植物分成小的群类，并且为它们创造了一个系统，将它们组织起来。分类学需要发现生物的生理细节，并以这些细节为基础，把相似的动物或植物归类。同时，分类学还使用化石记录和DNA信息寻找物种的共同祖先。在发现一个新的物种后，科学家会仔细观察它的细节特征，以决定这个物种位于生命之树的什么位置。

域

古菌、细菌和真核生物三个“域”囊括了地球上的所有生命。所有的多细胞生物（动物、植物和真菌）都属于真核生物。三个域的不同生物是根据其细胞中的脱氧核糖核酸（DNA）的组成方式来区分的。

界

根据组成生物的细胞形态，地球上的生物又可以进一步明确地划分成界，包括动物界、植物界和真菌界等。

门

同一个门的生物包含一些基本的共同特征，通常跟身体结构有关。比如，节肢动物门包含所有附肢分节并有外骨骼的生物。

纲

根据一些总体上的身体特征，门可以进一步划分为更小的组织单位，就是纲。脊椎动物（有中央脊柱的动物）包括哺乳纲、两栖纲、爬行纲和鸟纲等等。

目

一个纲又可以划分为几个目。同一个目的物种拥有显著的共同特征。例如，啮齿目的哺乳动物长有可以终生生长的、发达的门齿。

科

很多目当中都存在着好几个科，每个科的动物都有不同的生活方式。例如，捕鸟蛛是一类毛茸茸的蜘蛛，属于狒蛛科（捕鸟蛛科），擅长捕食大型的无脊椎动物。

属

这个比科更低的分类阶元对亲缘关系较近的物种进行了区分。例如，马和驴是不同的物种，但二者是同一个属（马属）的物种。

种

物种的经典定义是一群可以交配并能产生可育后代的生物。地球上的物种数量可能超过800万。

双名法

用上述系统对生物进行分类后，地球上的每种生物都拥有了自己的学名，通常缩略为用属名加种名，也就是所谓的“双”名来表示。在大多数书中，动物的俗名之后标注该物种的学名。比如，下图的动物是灰狼（*Canis lupus*）。在本书的最后，列出了本书中出现过的动物的学名，以供参考。

动物学分类

伊丽莎白虎蛾（拟）

域	真核生物域（Eukarya）
界	动物界（Animalia）
门	节肢动物门（Arthropoda）
纲	昆虫纲（Insecta）
目	鳞翅目（Lepidoptera）
科	裳蛾科（Erebidae）
属	焰灯蛾属（*Pyrrharctia*）
种	伊丽莎白虎蛾（*P. isabella*）

动物学分类

宽吻海豚

域	真核生物域（Eukarya）
界	动物界（Animalia）
门	脊索动物门（Chordata）
纲	哺乳纲（Mammlia）
目	鲸目（Cetacea）
科	海豚科（Delphinidae）
属	宽吻海豚属（*Tursiops*）
种	宽吻海豚（*T. truncatus*）

目的演化

在本书中，你会看到每个目的生物共享一些特征——腿、翅膀、螯针、牙齿等。这些特征继承自生活年代更早的祖先生物。化石证据、DNA信息以及现生物种共有的特征都表明，生命是从共同的祖先演化而来的。换句话说，本书列举的每个目都由具有亲缘关系的生物组成——它们都是远房表亲，在古代有着共同的祖先。

新生代（6600万年前）

在大部分恐龙灭绝后的几百万年内，幸存的哺乳类动物分化成很多差别显著的目，其中大部分生存下来并且统治了现代地球。在幸存的鸟类中，主宰天空的包括两个值得关注的目，它们是猫头鹰（鸮形目）和树栖鸣禽（雀形目）。

1.鸮形目
2.灵长目
3.食肉目
4.鲸目
5.啮齿目
6.雀形目

中生代（2.52亿—6600万年前）

中生代有时又被叫作“爬行动物时代”，可以划分为三个阶段，按照时间由近及远分别是：

白垩纪：随着悲惨的大灭绝降临，爬行类的恐龙家族中只有一部分存活了下来——鸟类。在白垩纪鸟类的各个目中，鸡形目一直存活到了今天。

侏罗纪：恐龙和一系列新产生的目共同生活在这一时代。这些新生的目包括青蛙和蟾蜍（无尾目），蛇和蜥蜴（有鳞目），蜻蜓和豆娘（蜻蜓目），以及蝴蝶和蛾（鳞翅目）。

三叠纪：在恐龙诞生之前，地球从一场大灭绝事件中恢复过来，许多先进的爬行类动物登上了历史舞台，包括最新演化而成的海龟和陆龟（龟鳖目）。

7.鸡形目
8.鲈形目
9.有鳞目
10.蜻蜓目
11.鳞翅目
12.无尾目
13.膜翅目
14.龟鳖目

古生代（5.41亿—2.52亿年前）

古生代是恐龙全面繁盛之前的时代。两栖类和早期的爬行动物占据了曾经空旷的陆地表面。在这些早期的爬行动物中，有一些是后来的蜥蜴、龟鳖、恐龙和哺乳类的祖先。在这一时期，早期的无脊椎动物（没有脊椎的动物）数量众多。在这个时代产生的无脊椎动物的各个目至今仍然存在，如蜘蛛和甲虫。

15.直翅目
16.蜘蛛目
17.鞘翅目
18.十足目
19.等足目
20.蝎目
21.半翅目

不同的目是怎么产生的？

各个目演化的时间线

在生物对环境的适应过程中，当生物的适应特征为其提供了繁衍的新潜能，并且它们还可以将这些适应特征遗传给后代时，一个新的目就诞生了。例如，鲸和海豚是在5000万年前，由一种进入水中生活的有蹄类动物演化产生的。类似地，现存的所有甲虫在演化上都可以追溯到一个长出坚硬前翅的昆虫祖先，这个前翅后来演化成了硬质的外壳，赋予甲虫独特的防护能力。这样说来，地球上每一个目中的各个物种，都是某一次适应性演化成功之后继续演变产生的。它们的祖先在很久以前成功适应了环境，然后随着时间的推移，继续演化出各自的特征，直到今天。

动物的分类

食肉目

Carnivora，来自拉丁语carn（肉）和vorāre（吞食）

食肉目是一类以捕猎和食腐为特征的哺乳动物。“食肉动物”共有大约280种，除了胎生和温血等典型的哺乳动物特征之外，它们还拥有强壮的颌部肌肉、锐利的牙齿、朝向前方的眼睛。从相对大小来看，食肉目是哺乳动物中最多样化的一个目：小到手掌大小的伶鼬，大到体重可达1000千克的北极熊，还有能长到7米长、5000千克重的南象海豹。

1. 蜜獾

蜜獾实际上并不像是一种獾，它更像鼬。蜜獾以世界上最无畏的动物著称，其牙齿能够咬破龟壳。

2. 北海狮

北海狮是海狮当中体形最大的物种，胃口也与之相匹配。它们属于鳍脚类——一类食肉的水生哺乳动物。

3. 小熊猫

别被食肉目的名号愚弄，小熊猫基本不吃肉。像大熊猫一样，小熊猫也有多出来的第6根“手指”——一根延长的腕骨，可以帮助它们握住竹子和攀爬。

4. 赤狐

赤狐遍布于多种类型的栖息地环境中。它们出了名地聪明和狡猾，也许是因为它们适应环境的能力很强。

赤狐

5. 棕熊

雌性棕熊可以睡过一整个冬天，甚至在产下幼崽后都不会醒过来。幼崽吃奶、睡觉，等待着母亲苏醒的那一天。到那时，它们已经长大不少了。

6. 北美水獭

北美水獭一次潜水的时间可以长达8分钟。潜水时，它们的鼻孔和耳朵眼紧闭，因而不会有水灌进去。

7. 美洲黑熊

美洲黑熊走起路来相当缓慢，但奔跑时的速度可以达到40~50千米/时。虽然名字叫作黑熊，但它们的毛色也可能是浅棕色、蓝灰色，甚至是金黄色的。

8. 白尾獴

白尾獴是獴科中体形最大的物种。獴是杂食动物，吃昆虫、浆果、小鼠甚至是蛇。

9. 浣熊

浣熊的前爪和人的手相似。它们有5个手指，能够捉鱼，甚至（据说）能打开房门！

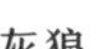

灰狼

10. 灰狼

灰狼是社会性动物，可以有多达30头个体一起生活。在群体内，它们通过嗥叫、吠叫、气味标记，甚至是舞蹈来相互交流。

11. 猎豹

猎豹是地球上奔跑速度最快的陆生动物，最快能达到113千米/时。在高速奔跑时，它们的尾巴会像船舵一样控制方向。

12. 鬃狼

虽然名字中带有“狼”，但这个毛色像狐狸一样美丽的食肉目物种并不是一种狼。它们脖颈后方有一大片鬃毛，感觉到危险时鬃毛会竖起来。

鬃狼

1
2
3
5
6
7
8
4
11
10
9
12
15
16
13
14
18
19
21
20
17
23
22
24
28
29
25
26
27
30

狐獴

13. 狐獴

狐獴的嗅觉十分灵敏。它们相互之间用声音交流，能用特定的声音代表不同的危险，向群体发出警示。狐獴属于獴科。

14. 狮

狮的吼声是大型猫科动物中最响亮的，能传到8千米之外的地方。跟其他大型猫科动物不同，狮子是群体生活的。雌狮们一起捕猎、抚养幼崽。

15. 海象

海象的獠牙会不停地生长，它们会用獠牙把自己从水中拖上岸。海象一生中有一半的时间在海水中生活，能潜到80米深的水下。

16. 臭鼬

臭鼬以它们强大的防御机制著称——它们会喷射出气味难闻又难以去除的臭味液体。臭鼬喷射出的这些油性液体是由尾巴下方的腺体分泌的。

17. 黑背胡狼

黑背胡狼是少数拥有终生伴侣的哺乳动物。因此，它们常常成对生活。

18. 紫貂

紫貂有时会追随狼或者熊的活动踪迹，吃它们剩下的猎物。紫貂还会吃蛞蝓。

19. 非洲灵猫

非洲灵猫是与鼬和獴亲缘关系相近的一种夜行性动物。每只非洲灵猫身上的斑点和条纹都独一无二。

加拿大猞猁

20. 加拿大猞猁

加拿大猞猁主要捕食美洲兔。它们十分依赖于这种猎物，以至于当美洲兔种群的数量下降时，加拿大猞猁的种群数量也随之减少。

21. 伶鼬

伶鼬是体形最小的鼬。在它们分布范围最寒冷的北方地区，伶鼬会在冬天换上纯白的冬毛。在紫外光的照射下，这些纯白的毛会显现出薰衣草般的颜色。

22. 豹

豹的敏捷和强壮令人难以置信，它们一跃能有6米远，或者3米高。豹的听觉也很惊人，灵敏度是人类的5倍。

23. 虎

虎是一种喜欢玩水的大型猫科动物。它们擅长游泳，能在水中捕猎，还能用水给自己降温。

24. 竖琴海豹

通过嗅觉，一头竖琴海豹能从数百只幼崽中辨认出自己的孩子。竖琴海豹幼崽出生时全身都是白色，大约两周以后毛色会变成带有黑斑的灰色。

25. 斑鬣狗

斑鬣狗有着强大的消化系统。它们能吃掉猎物的骨头、皮肤和牙齿。有人发现它们甚至会吃下铝制物品。

斑鬣狗

聊狐

26. 聊狐

聊狐的脚掌多毛，这能帮助它们在灼热的沙漠中行走。除了隔热之外，脚掌的毛也能在气温低于零摄氏度的夜里为脚趾保暖。

27. 南象海豹

南象海豹有一种奇妙的能力，能长时间不喝水。它们的肾脏能浓缩尿液，使其中水分更少，废物的浓度更高。

28. 马岛灵猫

马岛灵猫只生活在马达加斯加岛上。它们吃昆虫，偷鸟蛋，也吃小型的爬行类动物，但是在冬季，它们只能依靠储存在尾巴上的脂肪维持生存。

29. 蜜熊

蜜熊使用自己的尾巴就好像是在使用自己的另一条胳膊。粗大强健的尾巴可以用来爬树、保持平衡，甚至可以在寒冷的夜晚当作毯子来保暖。

30. 美洲水貂

与臭鼬类似，美洲水貂能喷射出气味糟糕的液体来吓退捕食者。但是，它们没法像臭鼬那样在喷射液体时进行瞄准。

图1. 哺乳动物的家庭

狮的家庭

跟几乎所有的哺乳动物一样，食肉目的物种也是直接生下幼崽（胎生），并且用乳汁喂养后代的。虽然胚胎发育的时间（怀孕期的长度）各不相同，但所有的食肉目动物的胎儿都会在母体子宫内发育成熟后降生。

对绝大多数食肉目物种来说，母亲承担了所有（或者至少是大部分）的育儿工作。幼崽从出生开始就待在母亲身边，由母亲保护和喂养（开始用乳汁，之后用猎物），并由母亲教导如何生存。大部分的幼崽都会随母亲生活几年。

图2. 形态特征

食肉目的颌

食肉目的物种具有特殊而典型的头骨形态。它们具有相对较大的脑，沉重的头骨，以及能大力咬碎食物的颌。只有哺乳动物长有咬肌，这是颌部用于帮助咀嚼的肌肉。在食肉目中，这块肌肉与下颌相连，而下颌只能上下移动，不能左右移动。

这些动物有着发达而醒目的犬齿和结实的门齿，它们的磨牙（臼齿）常常有锋利的边缘。这个特征能帮助它们切断和撕裂猎物（通常是肉，也有例外）。

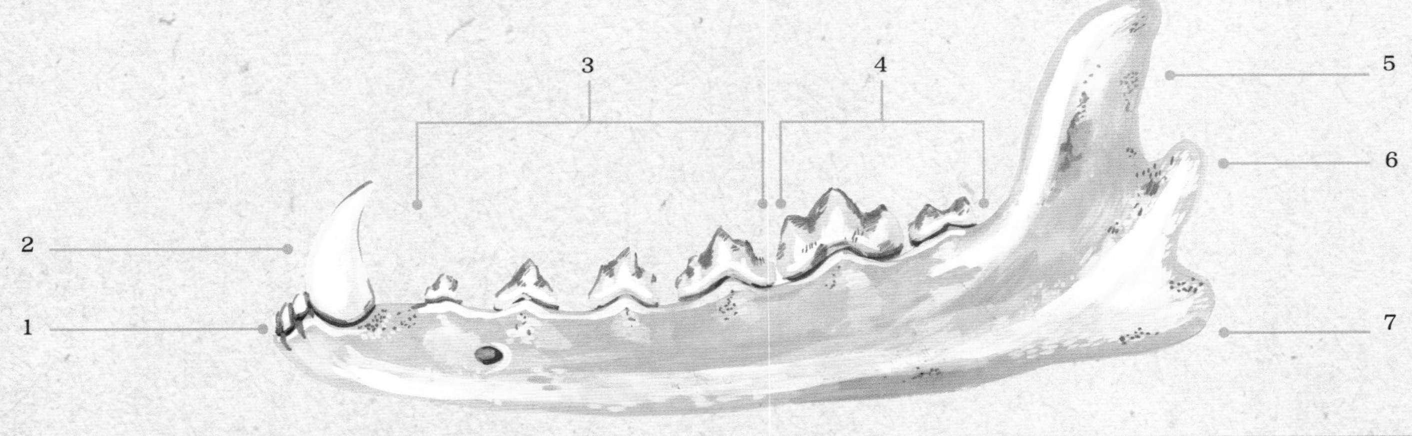

1.门齿
2.犬齿
3.前臼齿①
4.臼齿
5.喙状突
6.下颌髁突
7.隅骨突

①也可能是有锋利边缘的裂齿。

1
2
3
5
4
6
7
10
8
9
11
13
12
15
14
17
21
16
18
19
22
20
23
24
26
25
27
29
28
30

鲸目

Cetacea，来自拉丁语cetus（鲸）和希腊语ketos（巨大的鱼）

鲸目是自生物诞生以来出现过的体形最大的类群。其中一些物种，比如蓝鲸，能长到30米长，体重超过36头大象的总和。虽然鲸类已经适应了水中的生活，但它们身上仍然保留了我们熟悉的哺乳动物特征。和几乎所有的哺乳动物一样，它们呼吸空气、胎生并且用乳汁哺育幼崽。所有的鲸目物种都有着出色的交流能力，而诸如海豚等一些物种还会用这项能力协助自己捕猎（使用回声定位）。鲸目曾经被认为是一个独立的目，最近被重新定义，成为更大的偶蹄目下面一个富有魅力的分支类群。

1. 白鲸

亮白色的白鲸很容易被观察到，同时它也是一种喜欢社交的动物。数百头个体组成的大群并不罕见！

2. 侏型飞旋海豚

飞旋海豚以喜爱在水上跳跃、翻跟头和旋转而闻名。它们十分热衷于社交，常常会追寻人类的踪迹。

3. 瓜头鲸

瓜头鲸的游泳速度可以很快——特别是受到惊吓的时候。它们白天常常在水面附近休息。

4. 虎鲸

又名杀人鲸，其实属于海豚科。它们聪明得令人难以置信，常常合作捕猎。

虎鲸

花斑原海豚

5. 花斑原海豚

这类海豚出生时全身灰色，之后随着生长而出现斑点。它们常常结成小群体生活，主要吃小鱼、鱿鱼和章鱼。

6. 沙漏斑纹海豚

沙漏斑纹海豚有时被称为“海中奶牛”，因为体色是黑白相间。这个物种很难在海岸附近观察到。

7. 侏抹香鲸

这种鲸被认为是最小的鲸。它们能长到大约2.7米长，只比海豚大一点点。

8. 一角鲸

一角鲸被叫作“海中的独角兽”，因为它们有着从头上向前伸出的长牙。一角鲸可以长到5.5米长。

9. 暗色斑纹海豚

暗色斑纹海豚喜欢跃出水面。人们常能看到它们靠近船只以便乘浪（借着船舶产生的浪前进）。

10. 伪虎鲸

这是一种看起来像虎鲸的大型海豚，但并不是虎鲸。这个隐秘的物种曾一度被认为已经灭绝，但衰退的种群仍然残存在辽阔的大洋上。

11. 鼠海豚

鼠海豚喜欢待在岸边、港口，你甚至可以在河流和河口地区找到它们。

12. 大翅鲸（座头鲸）

大翅鲸平均体长可达18米，每天要吃掉1360千克的食物！它们吃微型鱼类和磷虾，后者是一种小型的、像虾一样的动物。

13. 宽吻海豚

这种聪明的哺乳动物大概是最广为人知的海豚了，能用咔嗒声和歌声彼此交流，野生成员间甚至可以互相教授生存技巧。

14. 灰海豚

灰海豚主要生活在温暖的热带海域。这种海豚身上有很多疤痕，这些疤痕中有的来自它们的猎物鱿鱼，以及与其他海豚的社交活动。

15. 抹香鲸

抹香鲸是世界上最大的齿鲸，能长到18米长。它们还拥有比其他动物都要大的大脑。

16. 谢氏塔喙鲸

谢氏塔喙鲸体长可达7米。雄性下颌有一对增大的牙（獠牙），可能用于炫耀或者是打斗，这在鲸类中并不常见。

17. 加湾鼠海豚

生活在加利福尼亚湾的加湾鼠海豚是世界上最珍稀的海洋动物。它们极度濒危——据信全世界现存的加湾鼠海豚不足30头。

18. 拉普拉塔河河豚

拉普拉塔河河豚拥有鲸类中（按与身体的比例来说）最长的吻部。虽然是河豚，但它们生活在咸水河口和海洋中。

19. 小露脊鲸

直到2012年，小露脊鲸都被认为已经灭绝。它们是最小的须鲸，并且与一个已经灭绝的鲸类家族亲缘关系很近，是一个活化石物种。

20. 短吻飞旋原海豚

短吻飞旋原海豚有时会被误认为是长吻原海豚，它们非常活跃，常常靠近船只乘浪，并且跃出水面。

21. 长肢领航鲸

像虎鲸一样，长肢领航鲸也属于海豚科。人们发现它们会照顾并非自己家族成员的幼崽。

22. 哥氏中喙鲸

除了谢氏塔喙鲸之外，这是唯一一种上颌有牙齿的喙鲸。它们有着长而极细的吻部。

23. 亚河豚

亚河豚又叫粉红河豚，是淡水豚中体形最大的物种。刚出生的幼崽有深灰色的皮肤，当它们成年时，皮肤已经变成了粉色。

24. 窄脊江豚

窄脊江豚生活在长江以及周围的水域，是唯一一种没有背鳍的鼠海豚科动物。然而，它们的背部有一道略隆起的脊，上面有细小的颗粒凸起。

25. 贺氏中喙鲸

这类喙鲸缺少有功能的牙齿，所以可能用吸入的方式捕猎。

26. 灰鲸

这种鲸可以长到15米长。在哺乳动物中，灰鲸有着最长的迁徙距离，它们每年在墨西哥西海岸和北极海域之间来回迁徙的距离达16000~19000千米。

27. 塞鲸

塞鲸体长可达20米，是游泳速度最快的鲸，可以达到48千米/时。

新西兰黑白海豚

28. 新西兰黑白海豚

新西兰黑白海豚是最小而且最罕见的海豚物种。它们生活在由2~8个个体组成的群体中，成员通常全为雄性或全为雌性。

29. 柯氏喙鲸

2011年，一头被标记追踪的柯氏喙鲸潜到了2992米的深度——这是哺乳动物的深潜世界纪录。柯氏喙鲸能折叠自己的胸廓，以避免肺部形成气泡，同时也能减少浮力。

30. 侏小须鲸

据观察，当受到攻击时，侏小须鲸可能不常进行自卫，而是选择快速逃跑。它们能保持24~48千米/时的速度长达一小时之久。

灰鲸

图1. 灰鲸的骨骼

最早的鲸起源自5000万年前一种食肉的陆生哺乳动物。化石记录表明，曾用于在地面上快速移动的足，在此后1000万年的演化过程中变得更适合游泳，通过增加长度来提高游泳效率。鲸目与陆地上现存的姊妹类群仍然有着明显的联系。虽然大多数（并非所有）物种都失去了后肢存在的迹象，但它们的鳍肢仍然保留着指骨（见图中3—6）。

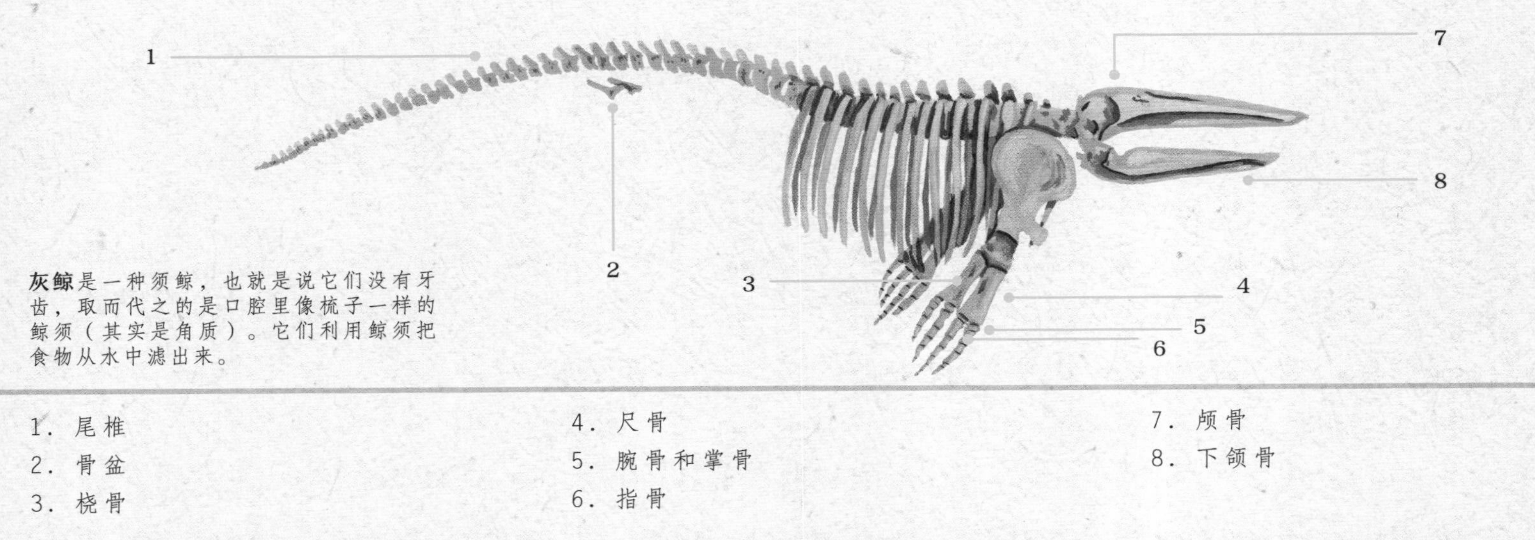

灰鲸是一种须鲸，也就是说它们没有牙齿，取而代之的是口腔里像梳子一样的鲸须（其实是角质）。它们利用鲸须把食物从水中滤出来。

1. 尾椎
2. 骨盆
3. 桡骨
4. 尺骨
5. 腕骨和掌骨
6. 指骨
7. 颅骨
8. 下颌骨

图2. 回声定位

齿鲸的生物声呐

包括海豚和鼠海豚在内的许多齿鲸类物种，都使用回声定位来交流和捕猎。虽然这些物种在水面上和水下都有良好的视力，但是回声定位（也叫生物声呐）能帮助它们在水下区分不同的物体，比如猎物或者其他生物。它们能够利用回声定位来感知物体的大小、形状和移动速度。

为了发出回声定位所需的高音，它们用头顶喷气孔附近的一系列复杂的空腔和喉部来产生声波。它们发出的声音是一串快速的高频的咔嗒声，覆盖的频率范围很广。

所有齿鲸的额头前方都有一个叫作“额隆”的器官。这个充满脂肪的器官能对从头部发出的声波进行定向的汇聚。下颌处的另一个充满脂肪的空腔（听泡）接收声波，其中的信息传入中耳后再由大脑解读。从咔嗒声开始到接收到反向的声波（回声）之间间隔的时间长短表明了物体的远近。

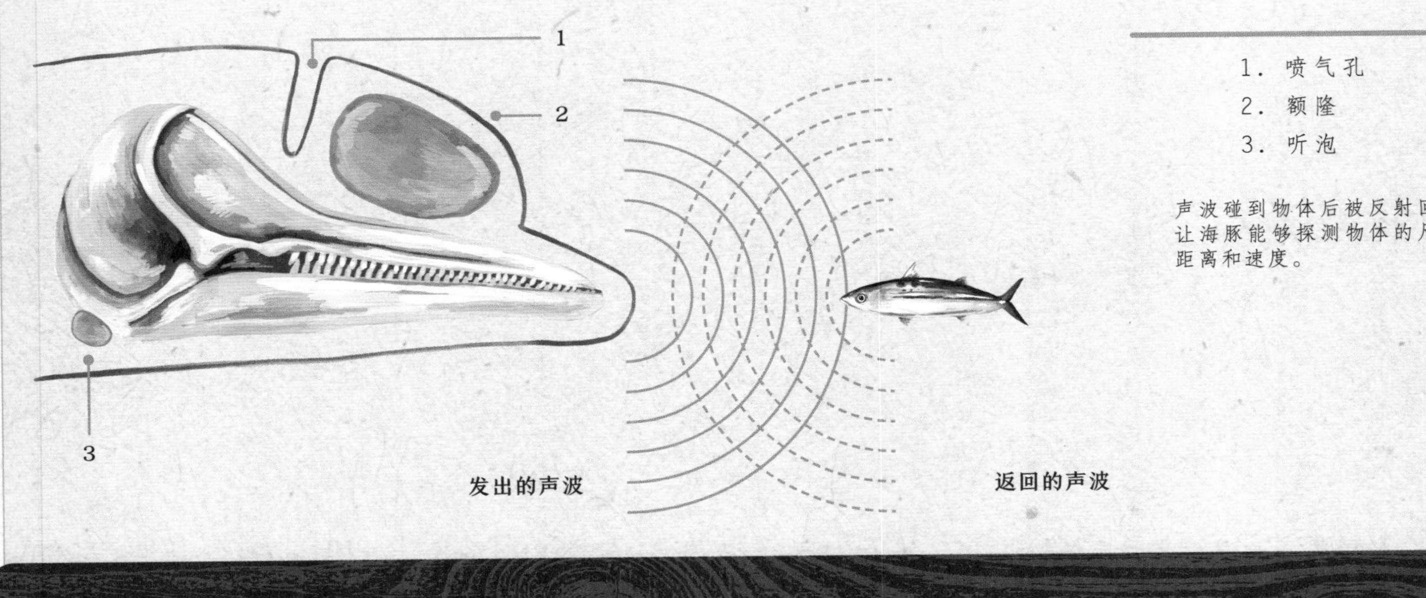

1. 喷气孔
2. 额隆
3. 听泡

声波碰到物体后被反射回**海豚**身上，让海豚能够探测物体的尺寸、形状、距离和速度。

灵长目

Primates，来自拉丁语primus（灵秀的）或primās（第一）

灵长目的特色是体积硕大的脑、富含交流信息的叫声和面对前方的发达双眼。由于主要适应树栖生活，灵长目动物有长长的手指和能抓握的手，大多数（除了猿）还有可以辅助平衡的长尾巴。一些物种能用它们的尾巴抓住树枝，如褐吼猴。从巨大的东部大猩猩到能稳稳坐在人类手指上的贝氏倭狐猴，灵长目的体形差别很大。超过一半的灵长目物种有灭绝的危险，这使灵长目成为世界上衰退速度最快的目。

1. 菲律宾眼镜猴

菲律宾眼镜猴是最小的哺乳动物之一，身高只有7.6~16厘米，大小和成年人的拳头差不多。

2. 白掌长臂猿

白掌长臂猿的毛色多变，从黑色到深棕色，再到浅棕色或是沙色。白掌长臂猿的食物中有一半是水果，另一半包括树叶、昆虫和花。

3. 长须狨

长须狨拥有非常别致的白色长髭须，能长到下垂过肩膀。

4. 树熊猴

作为求偶仪式的一部分，树熊猴常常会倒吊着互相梳理毛发。树熊猴有一种独特的气味，有些人说闻起来像咖喱。

5. 褐吼猴

褐吼猴生活在南美洲的大西洋沿岸森林中，以它们发出的吼叫声和咆哮声而闻名。褐吼猴之所以能发出这些特别的声音，是因为它们拥有特殊的声带。

6. 白臀叶猴

白臀叶猴是最多彩的哺乳动物之一。它们有着从膝盖到脚踝的红色“袜子”、白色的前臂、黑色的手脚和淡蓝色的眼睑。

7. 贝氏倭狐猴

这种倭狐猴是世界上最小的灵长目物种，仅有11厘米长，还有一条14厘米长的尾巴。和其他狐猴一样，它们只分布在马达加斯加岛上。

8. 环尾狐猴

环尾狐猴社会性很强，生活在多达30只个体组成、以雌性为主导的大群体中。一旦发现危险，它们会用特定的叫声来警告群体中的其他成员。

环尾狐猴

9. 白脸僧面猴

如果有捕食者接近，白脸僧面猴会发出警报，进入警戒状态，并能够持续一小时以上。它们会竖起毛发，在树上或地面上跺脚来吓退任何可能的捕食者。

10. 红领狐猴

正如名字所说，红领狐猴长有一身铁锈色的红毛，脸、尾巴和手脚是黑色的。它们花大量的时间梳理毛发，下颌牙齿两两之间有空隙，形成独特的“齿梳”。

11. 金狮面狨

金狮面狨并不是狮子的亲戚，但是因为亮丽的鬃毛而得名。它们有着与众不同的亮橘色毛发和暗色无毛的面部。

12. 白喉卷尾猴

这些猴子非常聪明，学会了使用工具来取食和作为武器。也有人看到它们用植物摩擦全身，可能是用作一种草药。

1
2
3
4
5
6
7
8
9
10
11
12
13
14
15
16
17
18
19
20
21
22
23
24
25
26
27
28
29
30

指猴

13. 指猴

虽然指猴曾因为外形而被认为是啮齿动物，但其实是一种狐猴。它们拥有又长又细的中指，可以用来叩击树枝以探测昆虫，然后把虫子钩出来。

14. 川金丝猴

川金丝猴以5~10只个体为一组，生活在多达600只的大群体中。当有危险靠近时，幼崽会被放在群体中心，最强壮的雄性会去查看警报产生的原因。

15. 黑叶猴

这种灵长目动物十分独特，它们的胃是由多个腔室组成的。这是因为它们是叶食性动物——它们只吃树叶，所以需要把这些结构复杂的纤维素分解掉。

16. 鬼夜猴

这种夜行性的夜猴生活在南美亚热带森林中，白天在树洞中休息，晚上则在森林中穿行，寻找水果、昆虫和花蜜。

17. 大狐猴

大狐猴是现存最大的狐猴之一，以独特的响亮叫声而著称。它们用叫声来交流诸如领地和危险警告等信息。

18. 日本猴

这种猕猴也叫雪猴，它们最为人熟知的行为就是在寒冷的冬季会通过泡温泉来保暖。

19. 婆罗洲猩猩

婆罗洲猩猩因栖息地被破坏和盗猎而极度濒危。它们只分布在婆罗洲岛（加里曼丹岛）上。

20. 伯氏伶猴

伯氏伶猴是一夫一妻制，终生成对生活。雄性伶猴与幼崽之间十分亲密，除了把幼崽送给雌性喂养的时间之外会一直背着幼崽。

21. 白秃猴

白秃猴有着一张夺目的亮红色的脸，一个秃头和一身黄色的毛皮。它们尾巴很短，但能够在树上自如地活动。

22. 克氏毛狐猴

这些夜行性的狐猴白天睡觉，晚上外出觅食和相互梳理毛发，它们用响亮而独特的口哨声来保持联系。

23. 侏狨

侏狨的食物和大部分灵长目动物都不同。它们使用尖利的牙齿从树上汲取汁液和树脂。

24. 蜂猴

一般来说，蜂猴是独居性的动物，喜欢独自生活。不过它们会结成一夫一妻的家庭，并和后代一起生活，直到后代能独立生活为止。

25. 巴拿马松鼠猴

和其他的灵长目动物一样，这种松鼠猴是树栖的，在树上活动、觅食，也因此在散播种子和为花朵授粉方面起着重要作用。

马岛鼬狐猴

26. 马岛鼬狐猴

马岛鼬狐猴是狐猴家族体形较小的一种。由于栖息地被破坏，它们目前是易危物种。

27. 长鼻猴

长鼻猴是亚洲体形较大的一种猴类。它们以雄性的大鼻子著称，下垂的长鼻子尖甚至比嘴还低。

28. 婴猴

这种非洲的生物有着令人惊奇的耳朵，像雷达一样！它们的耳朵有4个不同的区域，可以独自弯折，以帮助它们在觅食时靠声音发现昆虫。

29. 山魈

山魈十分容易辨认，雄性有着不同寻常的颜色。它们有鲜红色和蓝色组成的鼻子和臀部，还有黄色的胡须。

30. 西部大猩猩

大猩猩是最大的大猿，而东部大猩猩比西部大猩猩更大。成熟的雄性大猩猩被叫作银背，可重达158千克。雌性大猩猩小一些，重约80千克。

图1. 山魈的骨骼

在恐龙灭绝了1000万~1500万年后，灵长目动物从树栖的祖先演化而来，它们树栖生活的历史在骨骼结构中留下了烙印。

它们有5根强壮而灵巧的手指，能够帮助攀爬。灵长目中的很多物种还有一条灵活的尾巴，能够抓握住树枝。

灵长目动物与其他哺乳动物不同的一点是，它们的头骨位于脊柱的上方而不是前方。这个特征和结实的骨盆相结合，让它们能够直立移动和坐下。

灵长目动物还有硕大的脑（相对于其他哺乳类来说）和立体的视觉。

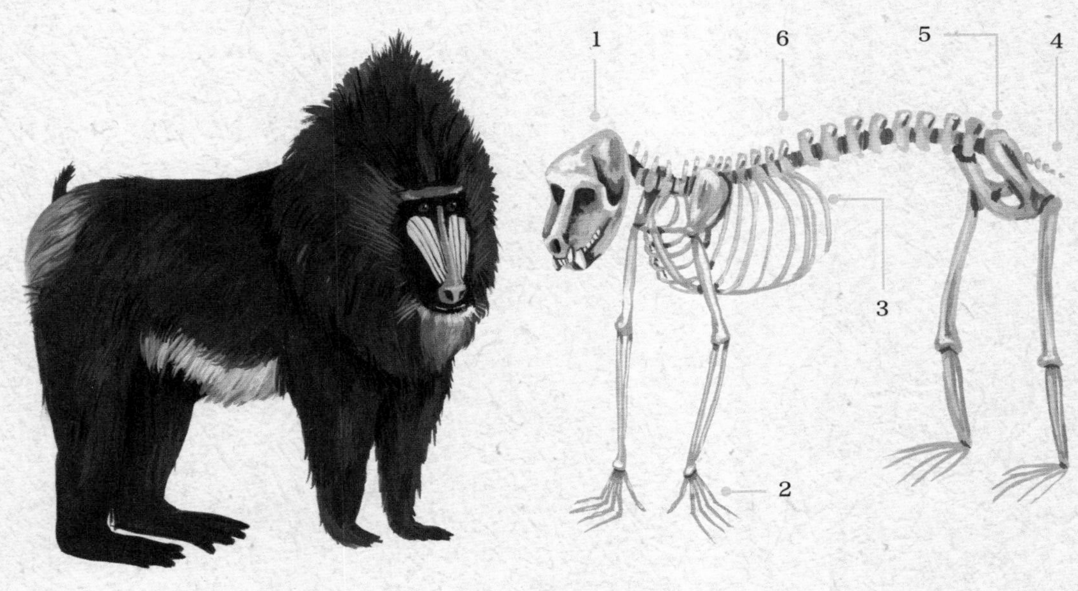

1. 颅骨
2. 指骨
3. 肋骨
4. 尾骨
5. 骨盆
6. 脊椎

图2. 猩猩的头骨

婆罗洲猩猩

灵长目动物与其他哺乳动物不同的一点是拥有朝向前方的双眼。这个适应性特征能改进视觉，接收更多的视觉信号，还能更好地感知场景深度。这非常有帮助，特别是对于生活在树栖环境（比如森林）中的灵长类动物来说。

与大部分哺乳类不同的是，很多灵长类能分辨颜色。这个适应性特征能帮助它们在树上发现浆果和其他颜色鲜艳的果实。

灵长类的头骨为大脑留出了更大空间，它们的大脑相对其他哺乳类来说也更大。虽然对于更大的大脑有不同的理论解释，但人们认为灵长类的社会行为、偶尔运用工具的行为和解决问题的能力都与此有关。

婆罗洲猩猩

灵长类有多用途的牙齿——门齿、犬齿、前臼齿和大臼齿。这些牙齿适用于进食各种各样的食物。门齿用来咬下小块食物，犬齿用于刺穿和撕扯，前臼齿和大臼齿用来研磨食物。人类和各种猿有着相同组合的有力的牙齿。

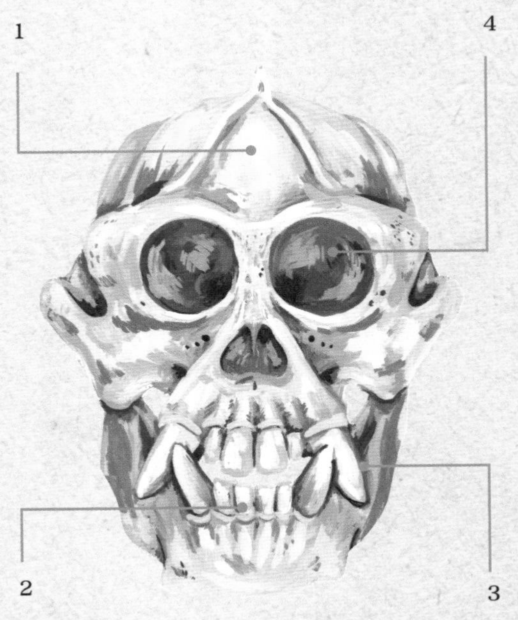

1. 颅骨
2. 门齿
3. 犬齿
4. 朝向前方的眼窝

1
2
3
4
6
7
8
9
10
11
12
14
15
16
17
18
19
21
22
23
24
25
26
27
28
29
30

啮齿目

Rodentia，来自拉丁语rodere（啃咬）

在哺乳动物的所有目当中，啮齿目是最能适应新环境的目之一。这个目的代表物种既能在极地和沙漠中繁衍生息，又能在地球上大多数城市中大量存在，数量可达上百万。与大多数哺乳动物一样，啮齿动物有臼齿（叫作颊齿）；但是与大多数哺乳动物不同的是，它们前面的牙齿（门齿）终生都在生长，不会被替换。它们的啃咬能力使得啮齿目动物在寻找和利用新的食物资源时比其他哺乳动物更胜一筹。褐家鼠和小家鼠恐怕是地球上数量最多的哺乳动物，甚至比人类还多。

1. 多纹黄鼠

这种松鼠会在冬眠时紧紧蜷成一个球，然后把呼吸频率从每分钟200次降低到5分钟一次。

2. 无尾刺豚鼠

这种大型啮齿目动物生活在南美洲热带地区。它们栖息在靠近水源的地方，擅长游泳，有时会跳水逃离险境。它们也善于攀爬，能爬到树上寻找食物。

3. 丽仓鼠

虽然曾因为牙齿特征而被认为是仓鼠科的成员，但这个物种并没有颊囊、短尾等仓鼠共有的特征。

4. 北美河狸

这种河狸是北美洲最大型的啮齿动物，也是世界上最大的啮齿目动物之一。河狸是半水生的，眼睛上覆盖着一层特殊的膜，可以在水下视物。它们的耳朵和鼻子也可以密封起来。

5. 刺山鼠

这种与众不同、有毛茸茸尾巴的刺山鼠只生活在印度，在树洞中过着树栖生活。它们吃水果，在胡椒种植园中被认为是有害生物。

6. 欧亚红松鼠

欧亚红松鼠曾经遍布不列颠和爱尔兰，杂食的它们如今数量已经大幅减少，其原因是北美的灰松鼠入侵以及栖息地的丧失。它们在欧亚大陆仍然是常见物种。

7. 四趾跳鼠

四趾跳鼠是一种跳跃前进的小型啮齿目动物。它们有长而带爪的后脚和短短的前肢，长长的尾巴可以在它们直立时提供支撑。

四趾跳鼠

8. 智利八齿鼠

八齿鼠的社会性很强。它们会合作建造庞大复杂的地下洞穴，协调各自的挖掘进度，甚至会流水线作业。有时，聚集在一起筑巢的雌性还会帮其他雌性喂养幼崽。

9. 黑尾草原犬鼠

草原犬鼠聚集在相当于人类的“镇”或“村”的大型群体中生活。一个群体可能会有数千只个体，各自组成被叫作“圈子”的小家庭。

10. 园睡鼠

这种夜行性的睡鼠主要分布在南欧地区。它们白天在树上的球形巢穴里睡觉，晚上出来觅食。

11. 长尾豚鼠

长尾豚鼠是一种行动缓慢的大型啮齿目动物，通常生活在由4~5只个体组成的家庭群体中。这个物种只分布在亚马孙河盆地的热带雨林和安第斯山脉的山麓地带。

12. 非洲岩鼠

非洲岩鼠是岩鼠科唯一的现存物种，岩鼠的字面意思就是“石头中的鼠”。它们十分擅长挤进狭小的空间，颅骨和肋骨为了实现这一点而有所特化。

13. 老挝岩鼠

老挝岩鼠的外观像家鼠，但是毛茸茸的大尾巴像松鼠。它们走路很慢，还有点儿外八字，但是能够在栖息地的岩石地形中快速移动。

14. 马岛仓鼠

马岛仓鼠只生活在马达加斯加岛上。它们以一夫一妻制生活，雄性以对幼崽的极度保护而著称，为了保护幼崽，甚至不惜将自己置身于危险之中。

15. 刺豚鼠属

刺豚鼠属物种吃水果、坚果、树叶和树根。它们坐在自己的后肢上，用前爪捧住食物进食。人们有时会看到多达100只个体一起觅食的场面。

16. 欧旅鼠

冬季，欧旅鼠居住在积雪下方隔热的巢穴里。这些空间能让它们保存热量，躲避敌害和获得食物。它们要么自己挖洞，要么住在地下已存在的洞穴里。

17. 跳兔

跳兔的外形像一只小型的袋鼠。它们双腿发达，一跃可以超过2米远。它们的体长（包括尾巴）可以达到47厘米。

跳兔

18. 拉布拉多白足鼠

白足鼠的种类很多，但拉布拉多白足鼠是适应性最强的物种之一。它们的巢可以建在地上、木头里、废弃的汽车里，甚至是离地24米的一棵北美黄杉上。

19. 北美飞鼠

这种飞鼠在地上行走时很笨拙，但却是出色的滑翔者。它们在空中十分灵活，如果有必要，还可以90度转弯来躲避障碍。

20. 囊鼠科

囊鼠有着巨大的颊囊，在它们穿过复杂的地道系统返回自家洞穴的途中，颊囊可以用来储存食物。

21. 海狸鼠

海狸鼠，或者叫河狸鼠，居住在水边，以植物为食——它们每天能吃掉重量为自身体重四分之一的食物。海狸鼠原产于南美洲，现在已经被引入了北美洲、亚洲、欧洲和非洲。

22. 短尾毛丝鼠

短尾毛丝鼠是南美洲的一种濒危啮齿目动物。毛丝鼠常常结群居住，细密的毛使得它们能很好地适应寒冷的气候。

23. 梳齿鼠

梳齿鼠生活在非洲北部多岩石的栖息地中，用石缝作为居所。它们不喝水，而是从食物中得到足够其生存的水分。

24. 阿根廷长耳豚鼠

阿根廷长耳豚鼠看起来像兔子，或者小鹿，但它们是啮齿目动物。它们只生活在阿根廷，偏爱有很多灌木遮蔽的栖息地。

弗雷兹诺更格卢鼠

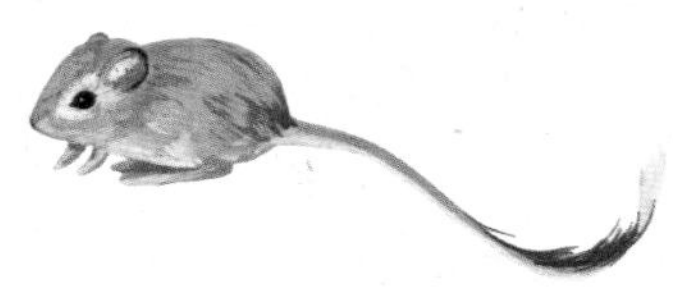

25. 弗雷兹诺更格卢鼠

这是体形最小的更格卢鼠，只有10厘米长，但是尾巴比身体其余部分加起来还长！它们在跳跃时用长尾巴来保持平衡。

26. 普氏松鼠

普氏松鼠是最多彩的啮齿目动物之一，毛皮有黑、橙黄、白三色。它们有时也被叫作亚洲三彩松鼠。

27. 水豚

水豚是世界上体形最大的啮齿目动物，有记录表明它们能长到91千克重。当雌性准备好交配时，它会用鼻孔打呼哨来告知雄性。

28. 裸鼹鼠

裸鼹鼠有着能在缺氧环境中长时间存活的惊人能力。通过改变新陈代谢，用果糖作为细胞的能量来源，它们能在完全无氧的环境中存活18分钟。这个现象通常只能在植物中见到。

29. 栉鼠科

栉鼠科动物在挖洞时会发出“嗒科-嗒科”的声音，因而在英语中有个别称——“tuco-tuco”。栉鼠科动物一生中90%的时间都在地下洞穴中度过。

30. 非洲冕豪猪

这种容易辨认的啮齿目动物从头颈到背部都覆盖着长而粗糙的刺。豪猪能够把刺像冠冕一样竖立起来，作为威胁或防御的手段。

图1. 感觉系统

拉布拉多白足鼠

由于面临着被其他动物捕食的风险，啮齿目的动物都演化出了灵敏的感觉系统。它们大都长有可以独立转动的大耳朵，听觉灵敏（家鼠和小鼠尤其擅长听高频率的声音）。

所有的啮齿目动物都有触须。触须从毛囊中长出来，毛囊被血窦包裹着。当触须被触碰时，它会推动血液，激活神经末梢向大脑释放神经信号。在无法依赖视觉的情况下，啮齿动物用触须来帮助自己找到食物和保证行动安全。

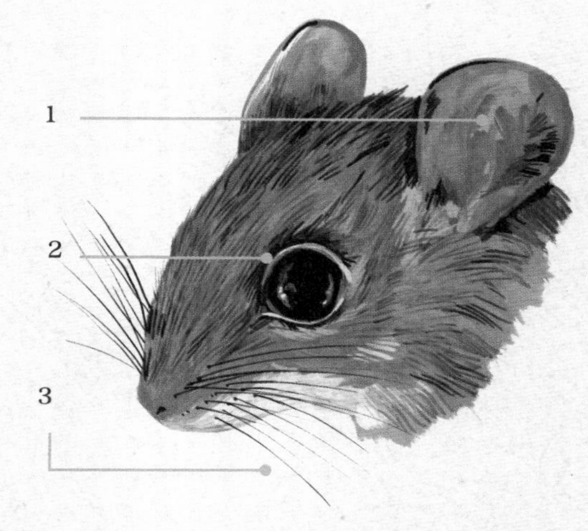

1. 大耳朵
2. 眼睛
3. 触须

拉布拉多白足鼠

图2. 啮齿目

不断生长的门齿

啮齿目动物长着一对如剃刀一样锋利、不断生长的门齿。啮齿目的牙齿排列方式可以追溯到古新世，那是它们的祖先在亚洲出现的时代。

大部分啮齿目动物的牙齿最多能达22颗（通常是4颗门齿和12颗臼齿），门齿和臼齿之间有巨大的空隙（齿虚位）。两对门齿就像剪刀一样，把食物切成可以用臼齿咀嚼的小块。在咀嚼时，啮齿目动物用脸颊填充齿虚位。这样，无法食用的东西在到达臼齿之前就会掉出嘴外。

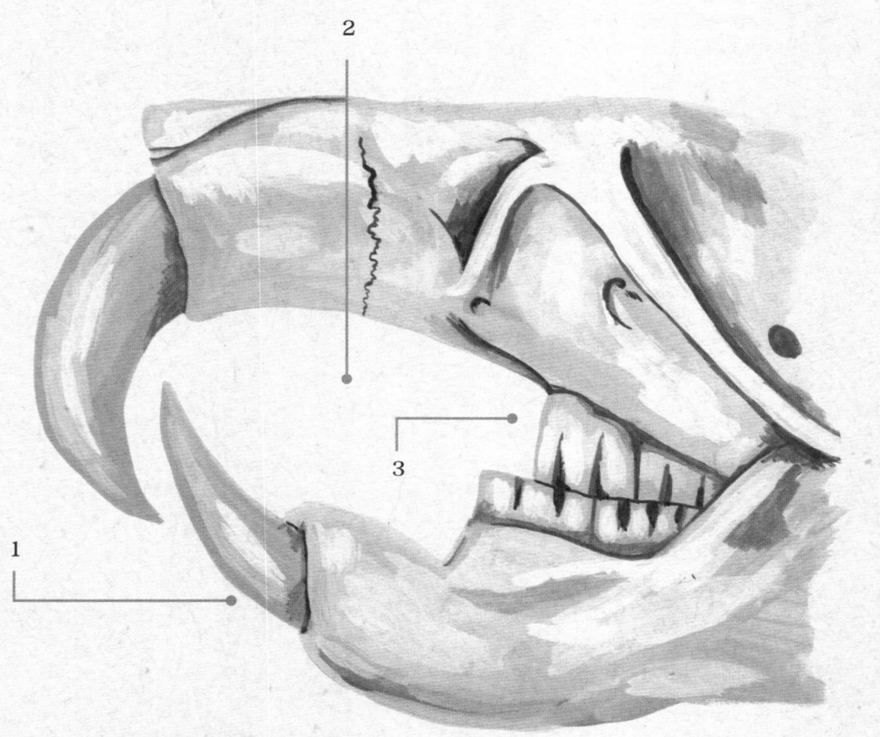

啮齿目动物必须靠咀嚼来磨短它们的门齿，避免门齿过度生长，同时保持其锋利。

颌部的肌肉也能帮助它们运用自己有特色的牙齿。它们的上下颌不仅能上下开合，还能前后移动来帮助啃咬。这也对磨牙有帮助——上下颌前伸能防止臼齿磨损。

如果一只啮齿目动物的门齿断裂，它很可能会因为无法进食而死去。

1. 门齿
2. 齿虚位
3. 臼齿

雀形目

Passeriformes，来自拉丁语passer（雀）和formes（形态）

拥有5000多个物种的雀形目包含了地球上近半数的鸟类物种。它们的成功秘诀在于一个简单的适应性特征——脚趾的排列能让它们栖息在树枝、岩石和峭壁上。雀形目的幼鸟刚孵化时常常没有视力和防御能力，需要雌雄双亲投入巨大的精力来抚养，这也使得它们的领地性很强。雀形目通常色彩丰富，很多雄性会用艳丽的羽毛向潜在的配偶展示自己。一些物种，比如极乐鸟，拥有夸张的长羽毛和求偶舞蹈，被人们认为是大自然最精巧的展示。

1. 白颈岩鹛（méi）

白颈岩鹛是一夫一妻制的鸟类，每年繁殖两次，每次产两枚蛋。它们用泥筑巢，巢通常筑在山洞里。

2. 黑顶山雀

在寒冷的夜里，这些小鸟的体温可以从42摄氏度降到30摄氏度，以保存热量。它们在冬天通常结群生活，但在繁殖季节会表现出领地性。

3. 加拿大威森莺

加拿大威森莺在南美洲过冬，但繁殖时会迁徙到北美洲。它们在北美洲停留的时间不到两个月，是最晚到达和最早离开的物种之一。

4. 家燕

家燕在空中捕捉昆虫，可以一边飞行一边进食。它们飞行时会快速转向和俯冲，从地面往上到30米高空中的猎物都能手到擒来。

5. 暗冠蓝鸦

这种不会被认错的暗蓝色鸟类有深棕色或者黑色的羽冠，夹杂着蓝白色的斑块。和冠蓝鸦一样，暗冠蓝鸦是仅有的几种用泥筑巢的鸦类之一。

6. 橙腹拟鹂

雌性橙腹拟鹂把植物或者动物材料紧紧地编织在一起做成巢。它们的巢是吊在树枝下方的。

7. 丽彩鹀

雄性丽彩鹀拥有颜色鲜艳的羽毛——蓝色的头、红色的胸和绿色的翅膀。雌性颜色稍微暗淡一些，但仍是亮绿色的。

8. 黑颏（kē）穗鹛

黑颏穗鹛身体是棕黄色的，在眼睛周围和下巴上有独特的黑色斑块。

9. 灰胸林鹩

这种棕、黑、灰三色的小型鸟类分布广泛。从墨西哥一路向南到南美洲的玻利维亚都能见到它们。

灰胸林鹩

黄腹花蜜鸟

10. 黄腹花蜜鸟

雌雄两性的黄腹花蜜鸟都有黄色的身体，但雄鸟面部是亮蓝色的。它们以花蜜为食，站立在植物上或者悬停在空中都能吃到花蜜。

11. 刺尾鸫（dōng）

刺尾鸫在森林的地面上觅食，以昆虫为食。它们用爪子拨开落叶的碎屑，所以走过的地面上会留下一圈清理过的痕迹。

12. 家麻雀

家麻雀原产于欧洲、亚洲和地中海地区，后来被引入澳大利亚、非洲和美洲——这使得它们成为地球上分布最广的鸟类之一。

1
2
3
4
5
6
7
8
9
10
11
12
13
14
15
16
17
18
19
20
21
22
23
24
25
26
27
28
29
30
31

13. 新几内亚极乐鸟

这种鸟分布在新几内亚岛。凭借着长达60厘米、花哨的粉红色羽毛，雄鸟十分易于辨认。

14. 金啸鹟（wēng）

这种鸟的巢是用小树枝、草和树皮搭建，用蜘蛛网黏结而成。雄性和雌性会合作筑巢。

15. 金冠戴菊

这种鸟的音调非常高——以至于当人们逐渐衰老时，金冠戴菊的歌声会是他们首先听不清楚的几种鸟鸣声之一。

16. 灰头椋（liáng）鸟

灰头椋鸟的身体下侧是暗橙色与白色相间的。马拉巴椋鸟曾是灰头椋鸟的一个亚种，现在是一个独立的物种，身体下侧是橙色的。

17. 斑翅食蜜鸟

这种娇小的鸟只能长到10厘米长，体重大约6克，它是澳大利亚最小的鸟类之一。

18. 和平鸟

和平鸟主要吃水果，可能也吃一些昆虫。它们成群结队地在森林地面上觅食，会把太大的果子弄碎，以便进食。

19. 林百灵

这种在地面筑巢的鸟类喜欢居住在有低矮植被或是人工林的地区——倒木为它们提供了良好的隐蔽处，也是其食物来源。

20. 白胸䴓（shī）

像其他䴓类一样，白胸䴓居住在树洞里。它们有时甚至会在洞口周围涂抹昆虫以驱赶松鼠。

乳白冠娇鹟

21. 乳白冠娇鹟

乳白冠娇鹟一身绿色，头顶上有一片乳白色泛着虹光的羽毛。这个物种分布在巴西的亚马孙地区。

22. 白眉冠山雀

在非繁殖季节，白眉冠山雀会和山雀、森莺、鳾、旋木雀等其他鸟类结成群体活动。

23. 黄喉莺雀

黄喉莺雀在树木小枝的分叉处筑巢。它们用蛛丝把树皮、干草松针和树叶黏结在一起做成巢，垂吊在树枝下方。

24. 白眼黑鹟

这种活泼的非洲小鸟在北方繁殖，然后迁徙到南方避寒。它们一边飞行一边捕食昆虫。

25. 太平鸟

太平鸟最喜欢的食物是欧洲花楸的浆果。这种鸟类能代谢发酵水果中的酒精，但有的时候还是会吃到醉。

太平鸟

欧亚鸲

26. 欧亚鸲（qú）

这种一眼就能认出的鸟有橙色的胸部、棕色的身体和白色的肚子。雄性的领地意识极强，富有攻击性，但相对来说不太怕人，常常在花园里觅食。

27. 隐夜鸫

隐夜鸫遍布于北美洲，随着季节变化而迁徙。在落基山脉以东，它们通常在地面上筑巢；而在以西地区，它们的巢常常建在树上。

28. 北美红雀

这种鸣禽具有很强的领地性，会用鸣叫来宣示领地。它们结成终生配偶，在雌性筑巢时，雄性会负责运送建筑材料。

29. 短嘴鸦

短嘴鸦是少数被发现可以用工具取食的鸟类之一。短嘴鸦能理解物体的排水原理，也会用小棒从深坑中挖出食物。

30. 褐河乌

褐河乌觅食时会涉入较浅的水流中捡拾水底的小生物。成鸟还能潜入更深的水流中捕食更大的猎物。

31. 褐色园丁鸟

褐色园丁鸟建造的凉亭是一个锥形的、像棚屋一样的结构。凉亭有一个入口，它们还会在入口前清理出一个“草坪”，并用浆果、花朵、石子、叶子甚至是甲虫外壳来装饰这片区域。

图1. 雀形目的足部形态

不等趾排列

雀形目起源于5500万年前，是遍布全世界的、最多样的鸟类类群之一。雀形目5000个物种都具有适于树上栖息的足部形态，三趾朝向前方，一趾向后。这种脚趾的排列方式叫作“不等趾”，使得鸟类能够停留在垂直的表面，比如树上或是悬崖上。

它们脚上几乎没有神经或者血管，这使得它们能够在严寒天气中落在冰冷的树枝或是线缆上。

为了能在树枝上睡觉，雀形目鸟类腿部特殊的屈肌腱会紧缩，也就是说当它们蹲在枝条上时，脚趾会自动握紧。它们可以保持这个姿势直到两腿伸直。

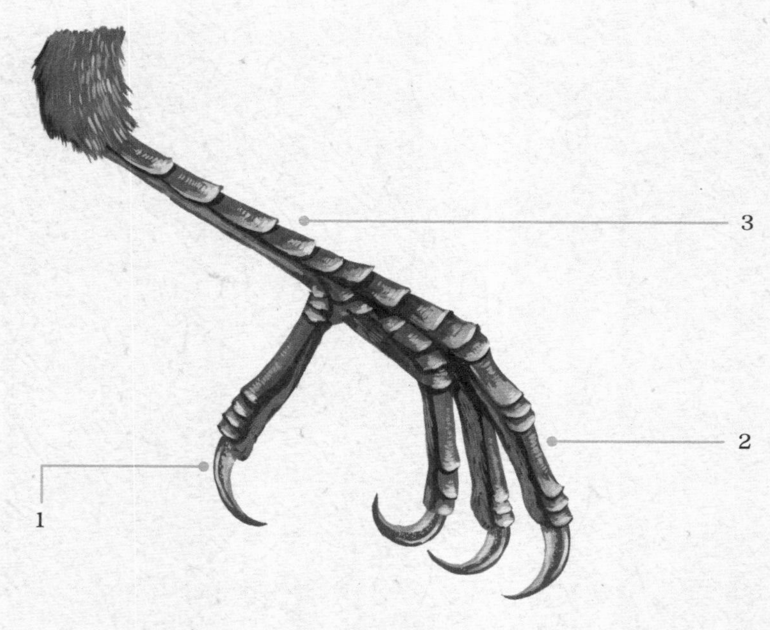

像其他鸟类一样，雀形目走路时用脚趾而不是整个足部着地。

1. 向后的一趾
2. 向前的三趾
3. 跗跖骨

图2. 鸣禽

鸣禽亚目

很多雀形目的物种都善于鸣叫。事实上，所有雀形目鸟类都能唱歌，因此俗名为“鸣禽”。它们的发声器官经过了特殊的发育过程，让它们能产生复杂的音调。

雀形目鸟类的鸣唱有很多作用。它们的歌声可以宣示领地，向其他个体传递位置信号，或者表示自已可以交配。雌性对雄性的偏好很大程度上会受到雄性歌声的影响。在很多雀形目鸟类中，雄性会唱的歌越多，就能吸引越多的雌性。

除了鸣禽之外，只有为数不多的几个物种拥有完善复杂的歌声，这些歌声和所有鸟类都能发出的警报声或联络声不是一回事。

金冠戴菊　金啸鸫　白眼黑鹟　隐夜鸫　黑顶山雀

2
3
4
6
5
1
7
11
12
13
8
9
10
15
16
14
17
23
21
18
19
20
22
30
28
25
27
29
31
24
26

鸮形目

Strigiformes，来自拉丁语strig（猫头鹰）和formes（形态）

我们通常把鸮形目的物种称为猫头鹰。在现存的大约200种猫头鹰中，大部分是独居的捕食者，擅长从空中袭击没有防备的猎物。所有猫头鹰都有搜寻猎物的大眼睛，它们的翅膀上还有锯齿形的羽毛，可以掩盖接近猎物的声响。鸮形目是鸟类各个目中分布最广泛的鸟类之一，遍布于除南极洲之外的世界各地。大多数鸮形目物种是夜行性的捕食者，主要吃啮齿目动物；但是有一些物种，比如斯里兰卡角鸮，吃甲虫和蚯蚓。尽管鸮形目物种通常是树栖的，但有些已经适应了草原的生态环境，最著名的例子是穴小鸮。

1. 仓鸮

仓鸮飞行时几乎没有声音，这使得它们能听到下方树林地面上猎物发出的最轻微的声响。它们捕食田鼠、家鼠、小鼠和其他小型啮齿目动物。

2. 北美鸺鹠（xiū liú）

当遇到捕食者威胁时，北美鸺鹠可以把头两侧的一对羽簇竖立起来，让自己显得更有威胁性。

3. 猛鹰鸮

猛鹰鸮终生和伴侣一起生活。据说，每年的繁殖季节，雌性猛鹰鸮几乎都会在同一天产卵。

4. 美洲雕鸮

作为食肉动物，美洲雕鸮捕食几乎一切体形比它们小的生物——野兔、小鼠、鸭子、松鼠、蝙蝠、鼬等。它们有时还以腐尸为食。

5. 冠鸮

和很多猫头鹰一样，冠鸮是“穴居者”——它们住在树洞、树桩、洞穴中，有时候甚至住在房屋的阁楼里。

6. 斯里兰卡角鸮

斯里兰卡角鸮吃甲虫和蛾子一类的昆虫。它们在天黑后的两个小时里，在地面附近捕食。

7. 娇鸺鹠

这种娇小的猫头鹰没有攻击性，相比发起攻击，它们更愿意飞走。如果被捉到，它们有时会装死，直到危险过去。

8. 乌草鸮

乌草鸮的叫声十分独特，是一串音调逐渐降低的尖叫，被叫作“炸弹口哨”。这是因为这种叫声听起来像是正在落下的炸弹，但是并没有最后的爆炸声！

9. 栗鸮

栗鸮通常停栖在距离树林地面不超过两米的高度。这是因为它们要从这里发起捕猎，飞过茂密的枝条去完成猎杀。

10. 长须鸺鹠

长须鸺鹠通常能长到15厘米高，在喙和眼睛周围有着长长的面部胡须。

点斑林鸮

11. 点斑林鸮

成年的点斑林鸮大约有48厘米高，翼展可达60厘米左右。它们有的在枝头放置稀疏的枝叶作为巢。

12. 乌林鸮

按身高算，乌林鸮是世界上最大的鸮形目物种（但是按体重算不是）。这种猫头鹰有极佳的听力，可以仅凭听力就定位并且捉住在60厘米深积雪下方移动的猎物。

13. 林斑小鸮

这种濒危的猫头鹰只分布在印度的丛林中。林斑小鸮捕食蜥蜴、啮齿目动物、昆虫和蛙类。它们有时会把没吃完的食物储藏在树洞里。

古巴角鸮

14. 古巴角鸮

古巴角鸮的腿部长而裸露，不像其他大多数猫头鹰一样是被羽毛覆盖起来的，因此又被叫作裸腿角鸮。

15. 眼镜鸮

眼镜鸮看起来好像戴了一副眼镜，它们因此得名。这种猫头鹰有棕色的身体、浅色的胸部和深棕色的脸，眉毛是白色的，而眼睛是明亮的橙黄色。

16. 黄褐林鸮

黄褐林鸮的羽毛边沿特别柔软纤细，因此它们能够无声地俯冲，扑向自己的猎物。它们的翅膀较短，这样更容易在树木间辗转。

17. 领角鸮

这种夜行性的猫头鹰非常小，最多长到25厘米长，体重不超过170克——比半罐可乐还轻。

18. 横斑林鸮

横斑林鸮白天躲藏在茂密的树叶之中。它们最大的天敌是美洲雕鸮，如果有一只美洲雕鸮正在附近，横斑林鸮常常会离开自己的领地。

19. 美洲角鸮

这种猫头鹰只能长到15厘米长，它的英文俗名是“flammulated owl（红色猫头鹰）”，源于其面部火焰形状的纹路。

20. 纹鸮

纹鸮通常在低矮灌木和草丛中的地面上筑巢，有些时候会连续几年都选择同一片区域。

21. 东美角鸮

东美角鸮有灰绿色的喙，而西美角鸮的喙是灰黑色的，以此可以区分这两个相似的物种。

22. 厄瓜多尔鸺鹠

这种鸺鹠的脑袋后面有两个黑色斑点。这对假眼斑能迷惑体形更大的鸟类和一些天敌，让它们以为厄瓜多尔鸺鹠发现了它们的存在。

23. 所罗门鸮

所罗门鸮在它们的分布范围内是顶级捕食者，但是这个物种现在正受到大规模森林砍伐和破坏的威胁。

24. 沼泽耳鸮

这种猫头鹰的眼睛四周有黑色的环纹，还有短小的耳羽簇。雄性沼泽耳鸮会在中意的地区巡逻飞行来宣示占有领地，并且一边拍打翅膀，一边鸣叫。

25. 棕榈鬼鸮

棕榈鬼鸮的听觉十分灵敏，这让它们能够精确定位自己的猎物，因此它们甚至能够在黑暗中完全依靠听觉来捕食。

26. 穴小鸮

这种猫头鹰在地面的洞穴（比如草原犬鼠的洞穴）里筑巢栖息。它们有长长的腿，在捕猎时既能奔跑又能飞翔。

穴小鸮

林雕鸮

27. 林雕鸮

在斯里兰卡，这种猫头鹰因它们像人声一样的古怪叫声而闻名。它们甚至跟传说中描述的“魔鬼鸟”相符，传说魔鬼鸟的叫声预示着死亡。

28. 雪鸮

这种容易辨认的大型猫头鹰能长到70厘米长，翼展可达150厘米。雄性全身白色，雌性则是白底带黑斑点。

29. 白脸角鸮

这种猫头鹰有一种令人惊奇的伪装技巧。在面对捕食者时，它们会张开翅膀让自己显得更大；当遇到比自己大得多的生物时，它们会扭曲身体以便更好地融入周围的背景中。

30. 猛鸮

猛鸮在白天活动，主要捕猎旅鼠和田鼠。在繁殖季节，雄性会展示不同的巢址，由雌性选择一个。

31. 短耳鸮

短耳鸮分布在除了澳大利亚和南极洲外的所有大陆上。它们头顶短小的耳羽簇就像哺乳动物的耳朵一样，很容易辨认。

图1. 美洲雕鸮的颅骨

猫头鹰演化出了朝向前方的眼睛、鹰一样的喙和眼睛周围一圈显眼的羽毛。像其他很多生物一样，它们的眼睛拥有双眼立体视觉，但不能在眼窝中转动。

猫头鹰的眼睛非常大，占据了整个体重的1%~5%。这双眼睛被巩膜环固定在颅骨上，所以不能转动。为了弥补这一点，猫头鹰发展出了几乎能向任何方向转动头部的能力。

虽然猫头鹰拥有令人难以置信的远视能力，但是它们的近距离视觉十分有限，只能用触须来协助完成所有需要近距离接触的事情（比如哺育幼鸟）。

美洲雕鸮

1. 巩膜环
2. 颧弓
3. 前鼻孔
4. 喙
5. 下颌骨
6. 眶下管

图2. 转动头部的雪鸮

鸮形目动物无法转动眼睛，作为弥补，它们头部的转动幅度能达270度。为此，猫头鹰的身体有特殊的适应性特征。人类有7块颈椎骨，而猫头鹰有14块，能够完成更多的动作。它们的血液循环系统也产生了特殊的适应性，使它们转动头部时不会切断通向头部的血液供应。血管和组织易于弯曲，在转动头部时不会损伤。

猫头鹰只有一个寰枕关节（颅骨后方的骨骼，人类有2个）。这个关节位于脊椎的正上方，使得猫头鹰能够以此为轴转动颈部。

通过转动头部，**雪鸮**能够看到周围270度范围内的东西。

鸡形目

Galliformes，来自拉丁语gallus（雄鸡）和formes（形态）

鸡形目是一类富有魅力的鸟，有着肌肉发达的双腿、锋利的爪子，能发出嘈杂的尖叫或者低鸣，它们适应了在森林或者草原地面上行走的生活方式。很多植物靠着鸡形目的粪便来传播种子。鸡形目还因为雄性的炫耀行为而闻名，它们用头上和喙部的肉冠向周围的雌性展示自己的繁殖能力。诸如绿孔雀等鸡形目物种的外表之华丽，在鸟类中首屈一指。它们的翅膀较短，适合短程飞行，比起飞翔，它们更喜欢行走或者奔跑。

1. 绿原鸡

雄性绿原鸡的翎毛鲜亮多彩，黑色的身体隐约泛着虹彩。雌性以棕色为主，有一些绿色的羽毛。

2. 单盔凤冠雉

这种极度濒危的鸟类因为头顶伸出的蓝色长角而得名。人们对这个盔冠的神秘作用争议颇多。

3. 眼斑火鸡

这种鸟看起来更像是孔雀而不是我们经常见到的火鸡。它们的颜色鲜艳动人，而且并没有火鸡那样的“胡须”。

4. 冕鹧鸪

虽然身体颜色不同，但雄性和雌性冕鹧鸪的眼睛周围都有红色的环。雄性的羽毛是黑色有虹彩的，而雌性的身体是橄榄绿色，翅膀是暗色。

冕鹧鸪

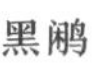

黑鹇

5. 黑鹇（xián）

黑鹇自然分布于南亚，但被引入了夏威夷大岛。它们栖息在热带和亚热带森林中。

6. 灌丛冢雉

这种冢雉把卵放在地上的大落叶堆里孵化。雄性把喙插进土堆里检查温度，增减腐殖质和落叶，以保持蛋的温度在33~38摄氏度。

7. 鹫珠鸡

这种秃头的非洲珠鸡看起来像猛禽一样，然而它们取食的是种子、昆虫、小型蜘蛛——并不是腐尸。

8. 石鸡

在能够顺利飞翔之前，石鸡幼鸟会练习张开双翅跑上陡坡。这种行为有可能跟鸟类飞行能力的演化有关。

9. 红腹锦鸡

虽然原产于中国，但颜色鲜艳的红腹锦鸡现在可以在英国、爱尔兰、美国、法国、德国和南美洲看到。

10. 灰山鹑

这种橙色面颊的鹑类主要吃种子，但是在幼鸟出壳后的10天之内，灰山鹑会带领它们搜寻昆虫来吃，以作为蛋白质的补充来源。

11. 橙脚冢雉

雌性橙脚冢雉需要努力进食足够的食物，以制造出相当于自己体重20%以上的卵。这个过程每9~20天重复一次。

橙脚冢雉

1
2
3
4
5
6
7
8
9
10
11
12
13
14
15
16
17
18
19
20
21
22
23
24
25
26
27
28
29
30
31

12. 雉鸡

雄性雉鸡的颈部有一圈独特的白色领子。它们原产于亚洲，但作为狩猎对象被引入世界各地。

13. 蓝孔雀

这个物种以雄性孔雀的求偶展示而闻名，它们有着亮蓝色的身体，尾部羽毛之艳丽令人难以置信，上面覆盖着明亮的眼状斑点。

14. 纯色小冠雉

这种鸟类遇到危险时更喜欢靠奔跑逃离，或者是在灌丛和树叶之间跳跃滑翔。

15. 草原松鸡

由于人类的捕猎和栖息地的破坏，草原松鸡在20世纪30年代几乎灭绝了。现在这个物种处于易危状态。

16. 珠鸡

这种大型鸟类的英文俗名是“helmeted guineafowl”（盔珍珠鸡），源于它们像头盔一样无毛裸露的头部。它们很少飞翔，觅食时一天能走10千米。

17. 柳雷鸟

在冬天，北美洲的柳雷鸟全身都会变成白色。在夜里，它们栖息在雪中能够以此隐蔽自己。

18. 大凤冠雉

雄性大凤冠雉的头上有一个形态独特的弯曲羽冠，而雌性有三种色型——斑纹型、棕色型和黑色型。

19. 冢雉

冢雉会在地面上挖出深洞，并把卵产于其中。它们用落叶把每一枚蛋盖严实，然后一去不回。幼鸟孵化时已经完全成形，它会自己从洞中出来，然后立刻就可以飞翔和觅食。

黄颈裸喉鹧鸪

20. 黄颈裸喉鹧鸪

这种非洲鸟类脖子上有一片黄色的皮，眼睛周围的皮肤是红色的。它们从泥土和粪便中搜寻昆虫为食。

21. 红胸角雉

雄性红胸角雉有黑色的身体和亮红色的头部，以此得名。雄性在繁殖季节还会长出蓝色的角和肉垂。

22. 巴拉望孔雀雉

和其他很多鸟类一样，巴拉望孔雀雉的雌雄两性外表差别很大。雌性身体绝大部分是棕色的，面部是白色的。雄性的羽毛是黑色和带虹彩的电光蓝色相间，还有蓝绿色的眼斑。

23. 枞树镰翅鸡

枞树镰翅鸡依靠伪装色来躲避捕食者，它们保持一动不动的能力十分出众，直到捕食者近在咫尺时才会飞走。

24. 棕尾虹雉

棕尾虹雉由于它们闪耀着金属光泽的艳丽羽毛而受到盗猎活动的威胁。在一些国家，佩戴棕尾虹雉的羽冠被看作地位的象征。

25. 山翎鹑

山翎鹑可以使用多种技巧来获得不同的食物。它们在地上搜寻，用脚挖掘球茎，也会跳起来去吃植物上的浆果和种子。

戴氏火背鹇

26. 戴氏火背鹇

雄性戴氏火背鹇以头上长长的羽冠而著称。当它们兴奋起来时，羽冠会直直地竖立起来。

27. 褐镰翅冠雉

这种安静的鸟类有一个与众不同的蓝色面部。它们结成小群生活在南美洲，搜寻种子和坚果为食。

28. 红原鸡

红原鸡被认为是家鸡的祖先，在5000年前甚至更早时的亚洲被驯化。

29. 火鸡

野生火鸡能发出很多不同的鸣叫声，其中十分出名的“咯咯”声能传出25米远。

30. 珠颈斑鹑

雌性和雄性珠颈斑鹑都有一个形状像逗号、向前方垂下的头冠。它们过着群居生活。

31. 绿孔雀

绿孔雀是和蓝孔雀亲缘关系最近的物种。与其他孔雀不同的是，雌雄绿孔雀在外貌上十分相似，只不过雌性没有华丽的尾巴。

图1. 鸡形目物种的驯化和家庭

原鸡的家庭

现存的鸡形目是鸟类系统生命树中的一个古老支系。它们大多体形较大，不善于飞行，有肌肉强壮、覆盖着鳞片的腿。它们栖息在森林地面上，常常被人类捕食。鸡形目的一些物种和人类的历史渊源很深，已经被驯养了数千年。它们分布在世界各地。最早的家养鸡形目物种——家鸡，早在5000年前就在南亚被人类驯化了。在很早以前人类就开始饲养家鸡、火鸡和其他物种，并把鸡肉和鸡蛋当作食物。

成年雄性**红原鸡**

蛋

小鸡

成年母鸡

图2. 性二型性和交配

蓝孔雀

性二型性是指同一个物种的雄性和雌性在体形和颜色等方面有所不同。在很多目中，性二型性非常普遍。而在鸡形目里，这种雌雄差别尤为明显。鸡形目的雄鸟以使用各种技巧吸引雌性交配而著称。许多物种会发出很多声音，如大声尖叫或是咯咯叫，有的物种会跳特定的舞蹈。还有一些物种，比如蓝孔雀，拥有亮丽的头饰，以及可以抖动的绚丽的尾上覆羽，用来吸引路过雌性的注意力。孔雀是性二型性最夸张的例子，雌性孔雀几乎完全没有雄性那些耀眼的特征。

雌性和雄性**蓝孔雀**

1
2
3
4
5
6
7
8
9
10
11
12
13
14
15
16
17
18
19
20
21
22
23
24
25
26
27
28
29
30
31

鲈形目

Perciformes，来自拉丁语perca（鲈鱼）和formes（形态）

在所有脊椎动物（有脊椎骨的动物）的目当中，鲈形目是物种数量最多的。从像米粒一样细小的短脂辛氏微体鱼①，到体长超过4米的大西洋蓝枪鱼，物种数量超过10000个。鲈形目（或者“鲈鱼形态的鱼”）的共同特征是拥有排列特殊的鳍，由活动的脊椎支撑。鲈形目的代表物种分布在地球上的各种水生环境中，包括极地和深海。有的鲈形目成员，比如大西洋弹涂鱼，甚至可以爬出水面到树上活动。

①短脂辛氏微体鱼属于鰕虎鱼目，原属于鲈形目，现鰕虎鱼目已经单独成目。

1. 小吻四鳍旗鱼

小吻四鳍旗鱼原产于太平洋和印度洋，可以长到2米多长、52千克重。通常认为它们最多只有5年的寿命。

2. 福氏羽鳃鲐

福氏羽鳃鲐属于“真正的”鲭鱼（注：鲭族），能长到20厘米长。它们结成大群生活，以浮游生物为食。

3. 大鳞魣

大鳞魣是一种上下颌强大有力的大鱼。它们拥有强壮而向外突出的尖牙，捕猎时会安静等待，然后快速伏击，咬住猎物。

4. 黄鲈

这种淡水鱼的黄色身体上有橄榄绿色的条纹。它们成群生活，喜欢栖息在有水草和其他植物的地方。

5. 兰副双边鱼

兰副双边鱼也叫“X射线鱼”，身体是透明的，可以看到骨骼和内脏。

兰副双边鱼

隆背笛鲷

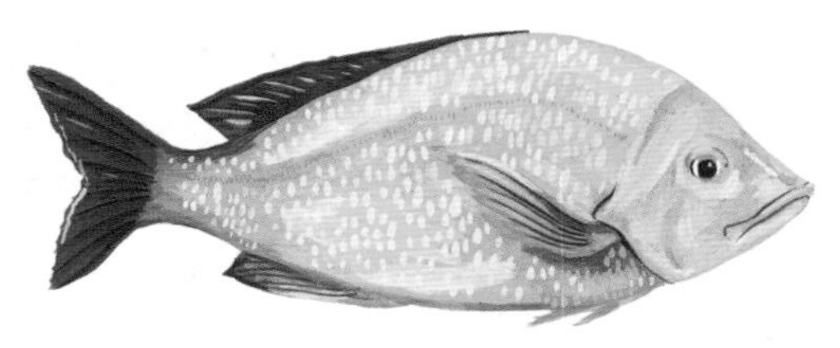

6. 隆背笛鲷

隆背笛鲷生活在珊瑚礁中，能长到50厘米长。它们的眼睛、鳃和嘴周围是黄色的。

7. 高菱鲷

这种粉红色的鱼常常出现在深达300米、靠近海底的地方。在这里它们能够捕食小型甲壳动物。

8. 眼斑双锯鱼

根据分布地域的不同，这种小丑鱼有不同的斑纹。它们可能是黑色、橙色或者红褐色的，有白色的条纹。

9. 流苏鲯

这种鱼类一边游动一边散布自己的卵，让撒出的卵在水中自由漂浮。

10. 角镰鱼

角镰鱼有时候会被错认为一种蝴蝶鱼，因为这两种鱼都拥有条纹样式的体色和拖在身后的修长背鳍。但角镰鱼的尾鳍是黑色的三角形。

11. 尖鳍金鳊

这种鳊的白色身体上散布着粉红色的斑点，通常出现在太平洋海域的热带珊瑚礁中。它们有时候被叫作“斑点格”。

12. 射水鱼

射水鱼捕食甲壳动物、小鱼和昆虫，并且以它们的捕猎技巧而闻名。它们能将一股水流射出1.5米远，从枝叶上击落昆虫，然后冲过去将猎物吞入口中。

13. 拉利毛足鲈

这种艳丽的鱼类是攀鲈亚目的成员——它们有一个特殊的迷鳃结构，用于从水面上直接呼吸空气。在水中含氧量低的情况下，这对于拉利毛足鲈是有利的。

14. 眼眶鱼

眼眶鱼有时被叫作“皮刀鱼”，是眼眶鱼属中现存的唯一物种。眼眶鱼属乃至眼眶鱼科的其他物种都已经灭绝了。

眼斑拟唇鱼

15. 眼斑拟唇鱼

这种鱼和其他隆头鱼科物种的不同之处是身上有暗淡的白色纵纹，而并不是更常见的横纹。

16. 布氏大眼鲷

这种夜间活动的鱼类有时能够将体色从全红变成红底银斑，大眼睛能够使它们接收到更多光线。

17. 红海刺尾鱼

刺尾鱼的尾部附近有锋利如刀片的棘刺，因此得名。在受到惊吓时，它们能够将棘刺竖立起来划伤对方。

18. 大口线塘鳢

大口线塘鳢生活在珊瑚礁边缘陡坡上部的洞穴里。在繁殖过程中，雄性会将雌性产下的卵含在口中直到孵化。这段时间雄性完全无法进食。

19. 大西洋弹涂鱼

大西洋弹涂鱼的名气来自它们能用胸鳍作为推进器，离开水体穿过泥地。它们把水储存在巨大的鳃室中，在穿越泥地时以此作为氧气来源进行呼吸。

20. 鲯（qí）鳅

鲯鳅又叫鬼头刀，是一种温带海域的大型鱼类。在夏威夷，它们被叫作“mahi-mahi”，意为十分强壮。

21. 斯氏真蛇鳚（wèi）

这种鱼的领地性极强，在防御靠近其居所的其他鱼类或者无脊椎动物时非常具有攻击性。

22. 扬幡（fān）蝴蝶鱼

虽然大部分的扬幡蝴蝶鱼尾巴上都有一个暗色的、假眼一样的斑块，但分布于红海的个体没有这个眼斑。

23. 斑点龙塍（téng）

斑点龙塍的毒性很强，背部有特化的毒刺，用于向任何过分靠近的生物注射毒素。

24. 大神仙鱼

虽然非常美丽，但这种神仙鱼是凶猛的伏击捕食者。它们在水中的木头和落叶上产卵，擅长隐蔽在根系和植物之中。

25. 突颌月鲹（shēn）

突颌月鲹有大而平坦的面部，是“分类学之父”——卡尔·林奈在1758年命名的物种之一。

26. 巴西刺盖鱼

很多巴西刺盖鱼都保持着终生的伴侣关系，面对其他家庭，一对夫妻会凶猛地保护自己的领地。

27. 蓝鳃太阳鱼

蓝鳃太阳鱼原产自北美洲，已经被引入了世界各地的湖泊中。它们生活在湖泊和池塘的浅水中，并在木头和水草丛中藏身。

蓝鳃太阳鱼

多斑拟鲈

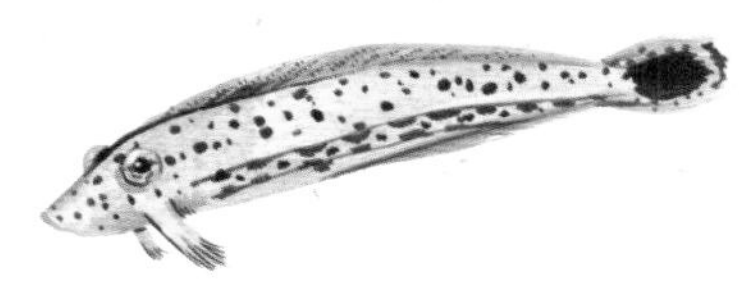

28. 多斑拟鲈

多斑拟鲈又叫沙鲈，生活在珊瑚礁下方的沙子中。和许多鲈形目物种相似的是，拟鲈科的一些物种能够改变性别，刚成年时是雌性，一段时间以后变成雄性。

29. 短䲟（yìn）

短䲟的背鳍变成了一个吸盘，使得它可以吸附在大型动物身上。被吸附的动物带着短䲟在水中移动，为其提供流过鳃部的水流、食物、运输和保护。

30. 云斑丝鳍鰤

云斑丝鳍鰤的幼体常常和透明的糠虾混在一起成群游动。年幼的云斑丝鳍鰤可以快速改变体表的颜色，尤其是雌性，可以瞬间变化。

31. 南方羊鲷

南方羊鲷口前部的牙齿和人类的很像。但与人类不同的是，它们有很多列这样短粗的牙齿。

图1. 鲈形目的骨骼

黄鲈

鲈形目是世界上最大、多样性最高的目之一。

虽然这个目的物种在体形上差别巨大，但是它们拥有一些共同特征：骨化的坚硬骨架、两只眼睛、背鳍、臀鳍和胸鳍。

几乎所有鲈形目物种都有硬软结合的鳍。通常来说，前方较大的背鳍比后方的鳍（第二背鳍和臀鳍）更坚硬、多刺，两部分可能互不相连或者部分连接。

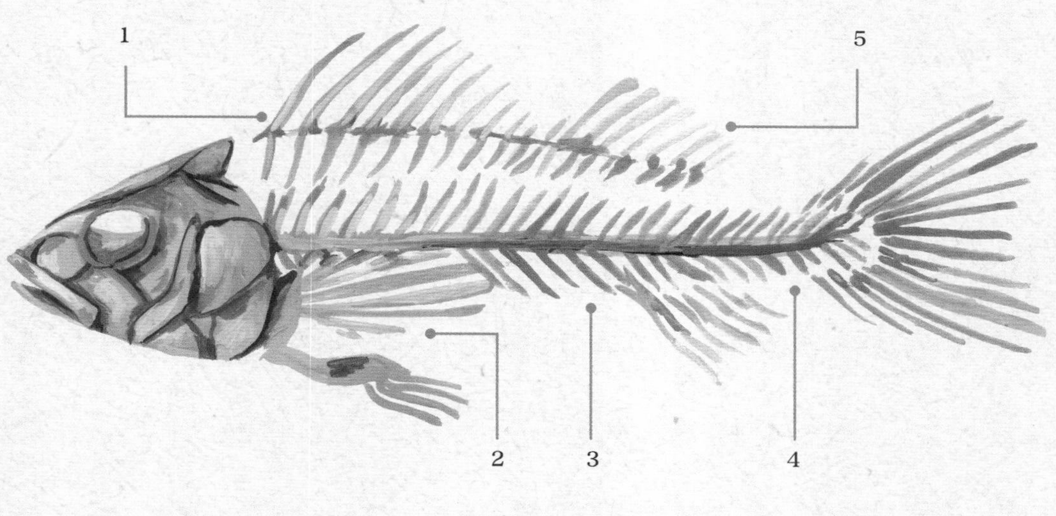

1. 皮质鳍条（硬）
2. 胸鳍
3. 肋骨
4. 椎骨
5. 皮质鳍条（软）

图2. 从最小到最大

短脂辛氏微体鱼和北方蓝鳍金枪鱼

鲈形目有超过10000个物种，是现代硬骨鱼类中最大的类群。它们多样性很高，体形和颜色差异巨大，彼此间共享少数的共同特征。

鲈形目是脊椎动物中体形变化最大的目之一，最大和最小的物种之间差异惊人。北方蓝鳍金枪鱼（约2.5米长，678千克重）和印度枪鱼（约4.6米长，750千克重）是鱼类中的巨人，而短脂辛氏微体鱼（约8.4毫米长）则是其中最小的鱼类。

北方蓝鳍金枪鱼

平均体长：2.5米，这里是以其真实尺寸的5%显示的。

鳞翅目

Lepidoptera，来自希腊语词根lepis（鳞片）和pteron（翅）

鳞翅目昆虫的特征是身上布满了闪亮的细小鳞片，这有助于飞翔，也是一层保护性的外壳。这层鳞片产生了许多适应性的装饰特征，使得鳞翅目成为地球上最色彩斑斓的动物类群之一。眼斑和鲜亮的红蓝色调在鳞翅目中并不罕见。一些蛾子的翅还长有“尾带”，这有助于它们逃脱蝙蝠的捕食。鳞翅目的特点是毛虫形态的幼虫和成虫时期的口器——长长的、舌头一样的口器，蝴蝶和蛾子会用这种口器来吸取花蜜。鳞翅目有超过18万个物种，但是，很可能还有成千上万的物种尚未被科学家发现。

1. 月尾大蚕蛾

月尾大蚕蛾有时被叫作“月神蛾”。它们没有嘴，但在幼虫时期喜欢吃山核桃属和胡桃属的树叶。它们的寿命大约有一周，雌性在此期间能产下多达200枚卵。

2. 贞白脉灯蛾（拟①）

这种蛾拥有良好的御敌手段。它们能发出超声波来警告蝙蝠远离，而当它们受到轻微挤压时，还能产生一种闻起来和尝起来都很糟糕的防御性化学泡沫。

3. 象形文瘤蛾（拟）

这种蛾分布于北美洲。由于翅上有复杂的花纹图案，所以被叫作“象形文”瘤蛾。

4. 螯灰蝶

螯灰蝶是北美洲最常见的线灰蝶之一，在整个北美大陆都有分布。它们取食的花果种类十分广泛。

螯灰蝶

饰星灯蛾

5. 饰星灯蛾（拟）

饰星灯蛾的幼虫取食的植物中含有毒的碱性物质。这些碱性物质留存在它们体内，直到它们成年，然后转移到它们产下的卵中。因此，蚂蚁和甲虫一类的捕食者都会对它们的卵避而不食。

6. 黄绢斑蝶

黄绢斑蝶飞行速度缓慢，有时会在半空中滑翔。雌性会在叶子背面产下单个的卵，4天之内就能孵化成一只幼虫。

7. 君主斑蝶

君主斑蝶又名黑脉金斑蝶，以其年复一年、跨越上千千米的迁徙行为而闻名。君主斑蝶幼虫甚至被带上过国际空间站，还在那里成功地发育成了成年蝴蝶。

8. 碎滴弄蝶

当寻找雌性时，雄性碎滴弄蝶会在地面附近以之字形路线飞行。它们的幼虫会用丝线将叶片卷曲成自己的藏身之所。

9. 白裳蓝袖蝶

白裳蓝袖蝶拥有多彩而带花纹的翅，这向捕食者表明了它们不好吃并且可能有危险的毒性。

10. 珀凤蝶

珀凤蝶演化出了一种拟态——它们模拟另一个难吃的物种来减少自己被捕食者吃掉的风险。

11. 蚁豆粉蝶

蚁豆粉蝶在过去几十年中数量持续下降，目前已相当罕见。它们栖息于罗马尼亚的草原地区。

12. 惜古比天蚕蛾

惜古比天蚕蛾是北美洲最大的蛾类。它们的翼展有12~17厘米。雄性能在1.6千米之外探测到雌性发出的性外激素。

①本书有些物种没有对应的中文名，故带“拟”字的名称均为译者根据该物种的特征自拟的。关于这些物种的学名，请参考本书第79页的“学名对照表”。

1
2
3
4
5
6
7
9
10
11
12
13
14
15
17
18
19
20
21
22
23
24
25
26
27
28
29

13. 杨黄脉天蛾（拟）

这种长相怪异的蛾子看起来很像其居住的杨树上的枯叶。它们的颜色可能是灰色或者淡黄褐色。

14. 伊莎贝尔虎蛾

伊莎贝尔虎蛾的幼虫从卵中孵化出来变成毛虫，然后在冬季的严寒中冻僵休眠。在寒冷地区，夏季很短，因此，幼虫在能够化蛹之前需要经历数个夏季的觅食，而每个冬季都要休眠。

15. 豹灯蛾

豹灯蛾的棕色前翅上有白色花纹，而橙色的后翅上有黑色斑点。当受到惊扰时，它会显露出橙色的后翅，然后飞走。

16. 珠袖蝶

珠袖蝶的英文俗称为“Julia butterfly”（朱莉亚蝶）。这种鲜亮橘色的蝴蝶取食花蜜和凯门鳄的眼泪。它们会扰动鳄鱼的眼睛使其产生眼泪，然后取食。

17. 赭带鬼脸天蛾

鬼脸天蛾以胸部像骷髅一样的斑纹而得名。这种蛾子在受到惊扰时会发出吱吱声，翼展能达到13厘米。

18. 眼纹天蚕蛾

眼纹天蚕蛾的性二型性十分明显。雄性是明黄色的，雌性是红棕色的，但它们的后翅上都有大大的眼斑。

19. 翠叶红颈凤蝶

雄性翠叶红颈凤蝶常常在河岸上或者是泥水坑边聚集，因为它们需要摄入富含矿物质的水。

绿贝矩蛱蝶

20. 绿贝矩蛱蝶/帕绿矩蛱蝶

绿贝矩蛱蝶的翅膀泛着珠光的紫红色泽，因此在英语中也被叫作“forest mother-of-pearl”（森林中的珍珠母）。它们夜间停留在叶子背面休息。

21. 特拉华红弄蝶

虽然以美国特拉华州来命名，但这种蝴蝶在整个北美洲都相当常见，分布在草本沼泽和泥炭沼泽等潮湿的环境中。

22. 孔雀大蚕蛾（拟）

孔雀大蚕蛾分布于欧亚大陆，还包括英国和爱尔兰。它们的前翅和后翅上都有假眼斑。

23. 红棒球灯蛾

雌性红棒球灯蛾能产下多达300枚卵，通常是30~60枚为一组产在几类千里光属植物的叶片上。幼虫发育过程中以有毒的植物和花朵为食。

24. 象形文夜蛾

这种花纹独特的蛾子分布在印度和东南亚，属于夜蛾科。夜蛾科的成年蛾子有一个鼓膜器，能探测到蝙蝠发出的回声定位信号，以帮助夜蛾躲避蝙蝠。

长尾弄蝶

25. 长尾弄蝶

长尾弄蝶会在叶子的背面产下成堆的卵。幼虫用叶片做巢，除了觅食之外都躲藏在其中。它们还能在受到惊吓时吐出鲜绿色的液体！

26. 北美眼蛱蝶

北美眼蛱蝶的前后翅上有几个黑紫色的大眼斑。每年冬天，它们会成群地向南穿越北美洲，在美国温暖的佛罗里达等南方州过冬。

27. 黄条袖蝶

黄条袖蝶夜间休息时会聚集多达60只个体的大群。它们在取食花蜜的同时还吃花粉，因此能合成复杂的化学物质，这让它们带有毒性。

28. 黑框蓝闪蝶

和其他蝴蝶一样，这种闪蝶靠吸入液体而不是咀嚼进食。它们吸食发酵过的果汁、花蜜和真菌，甚至还吸食动物尸体的体液。

29. 多帘灰蝶

多帘灰蝶在叶片的背面产卵，但这些叶片到了秋季就会掉到地面上。春季，当卵孵化成幼虫时，它们必须找到爬回寄主植物的路才能吃到食物。

图1. 鳞翅目的身体结构

翠叶红颈凤蝶

鳞翅目的物种是在侏罗纪时代从原始的昆虫门类中演化产生的。虽然本目具有惊人的多样性，但是所有的物种都有两对膜质的翅膀、大型的复眼以及触角。

1. 前翅
2. 胸部
3. 后翅
4. 腹部
5. 头部
6. 触角

翠叶红颈凤蝶

图2. 变态发育

从幼虫向成虫的转变

所有鳞翅目的物种都会经历幼虫（毛虫）这一生活时期。

所有的蝴蝶和蛾子都从卵开始发育。毛虫从卵中孵化出来，就在卵所附着的特定寄主植物上取食花朵和叶片。毛虫随着自身生长而蜕皮，在几周到几个月的时间内多次蜕掉旧的外皮。当毛虫长到最大的尺寸和重量时，就到了化蛹的时候。毛虫会把自己附着在树枝或者叶子上（有时还会做一个丝质的网子），然后吐丝把自己缠绕在茧中（对蛾子来说），或者是最后一次蜕皮变成一个有硬壳的蛹（对蝴蝶来说）。在蛹这一时期内，组成毛虫躯体的细胞会分散，然后重新聚合，形成发育中的成虫的形态，也就是蝴蝶或者蛾子。

幼虫向蝴蝶和蛾子的转变过程叫作完全变态发育。

君主斑蝶幼虫（毛虫）从卵中孵化。

君主斑蝶毛虫形成蛹，并羽化为成虫的过程。

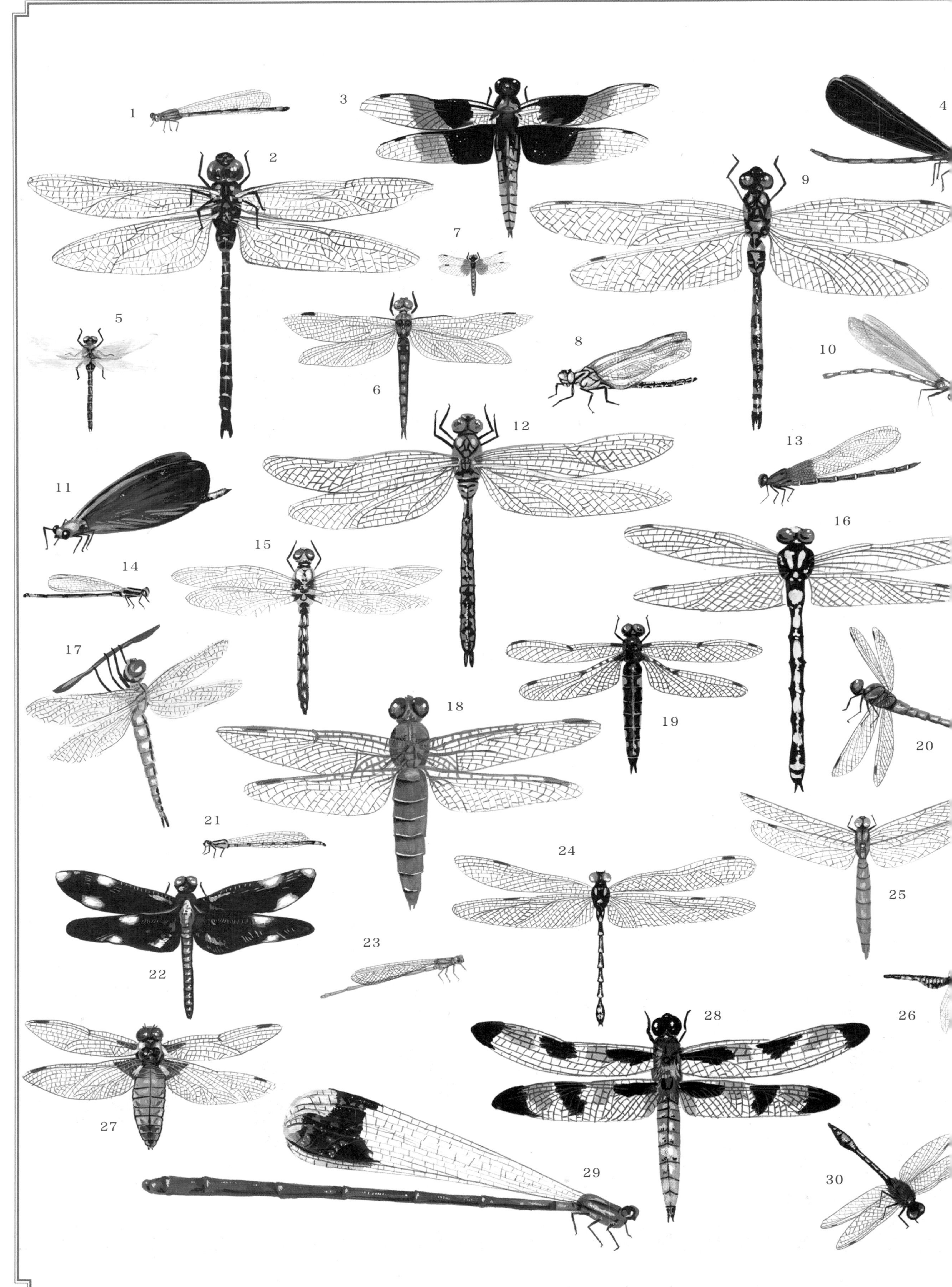
1
2
3
4
5
6
7
8
9
10
11
12
13
14
15
16
17
18
19
20
21
22
23
24
25
26
27
28
29
30

蜻蜓目

Odonata，来自古希腊语odontos（牙齿）

蜻蜓目是世界上最古老的昆虫的目之一。凭借着两双宽大有力的翅、高度敏感的复眼和能够抓握的足，蜻蜓目物种是能在空中捕捉其他昆虫（尤其是蝇类）的高超猎手。这个目中主要有两大类群：蟌（俗称豆娘，停息时翅平贴躯干）和蜻蜓（停息时翅向外张开）。本目现存的最大物种是生活在森林中的蓝大痣蟌，翼展将近20厘米——几乎跟人的小臂差不多长。不同的蜻蜓目物种之间靠一系列不同的颜色样式来区分彼此，比如艳红色、亮黄色和电光蓝色。

长叶异痣蟌

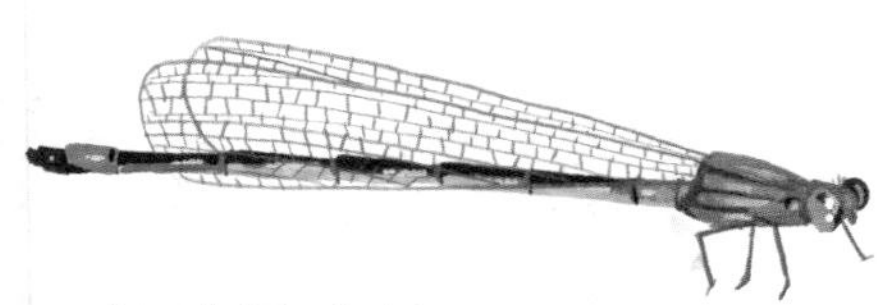

1. 长叶异痣蟌

雌性长叶异痣蟌在英文里又叫作“blue-tailed damselflies”（蓝尾豆娘），但其实它们的尾巴并不总是蓝色的。成年雌性尾巴大多是蓝色，但也可能是橄榄绿色或褐色；未成年个体有可能是粉色、紫色或者淡绿色。

2. 巨顶蜓（拟）

雄性巨顶蜓和很多其他种类的雄性蜻蜓不同，它们不巡视和保卫领地。它们倾向于在植被附近搜寻猎物。

3. 寡斑蜻（拟）

寡斑蜻生活在北美洲部分地区的泥水潭和溪流中。它们用足抓住猎物，然后用口器把猎物送进嘴里。

4. 染色蟌（拟）

深黑色的翅膀和蓝绿色有虹彩的身体使得雄性染色蟌引人注目。染色蟌会在一个合适的捕食地点停留几个小时甚至几天时间，并保卫这块区域不被其他蟌占据。

5. 林氏沼伪蜻（拟）

林氏沼伪蜻栖息于北美洲的木本沼泽和泥炭沼泽中，黑褐色的躯干上有橙色的环纹。它们是小型的蜻蜓，能长到比33毫米略长一点。

6. 北极金光伪蜻

北极金光伪蜻只分布于英国和爱尔兰的少数地区。发育到最终的成年阶段后，它们会离开沼泽，直到寻找配偶时才会返回。

7. 侏红小蜻

侏红小蜻有时被叫作小红蜻蜓，是世界上最小的蜻蜓，翼展只有20毫米。

8. 普通春蜓（拟）

这是英国唯一一种两眼之间有间隙的蜻蜓。这种黄黑相间的蜻蜓有性二型性，雌性个体的腹部比雄性略大，后翅更圆。

9. 蓝晏蜓

蓝晏蜓在欧洲分布广泛。稚虫在水中捕食蝌蚪、水生昆虫甚至小鱼。成虫在空中捕食各种昆虫。

10. 烟色惰蟌（拟）

雄性烟色惰蟌被认为是唯一一种紫色的蟌。对于惰蟌属（英文中也把它们叫作“dancer”，意为“舞者”）物种，我们能够通过它们“跳跃般”的飞行轨迹进行辨认。

11. 条纹色蟌

这种蟌一次能产300枚卵。和大部分蜻蜓目物种不同的是，它们能在短时间内潜入水下产卵。

12. 帝王伟蜓

这个体色鲜艳的物种是英国最大

帝王伟蜓

的蜻蜓。雄性会凶猛地保卫领地，在水面上6米的地方反复巡视，很少降落休息。

美洲姬色蟌

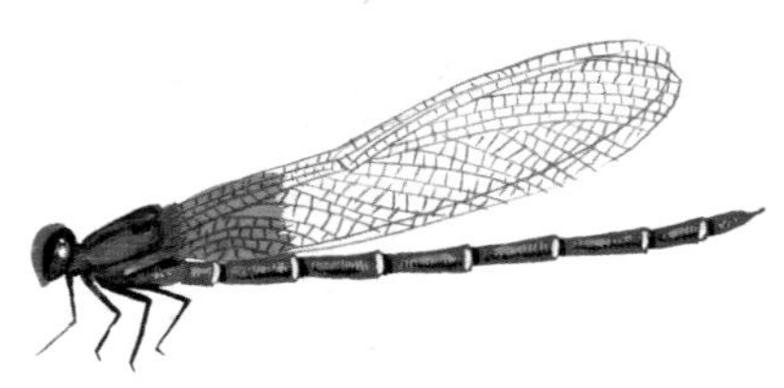

13. 美洲姬色蟌（拟）

像其他一些蟌一样，雌性美洲姬色蟌能潜入水中产卵，时间长达60分钟。

14. 蓝尾异痣蟌（拟）

蓝尾异痣蟌在英文中也被称为“common bluetail”（普通蓝尾蟌），分布于整个澳大利亚大陆。雄性有着蓝色的眼睛和胸部，尾部末端有蓝色环纹。

15. 陶半伪蜻（拟）

陶半伪蜻是一种黑黄相间的蜻蜓，体长可以达到大约50毫米。雌雄两性都有圆形的后翅，使得它们难以区分。

16. 背斑大蜓（拟）

这种大型蜻蜓体长可达7.6厘米。在稚虫时期，它们把自己埋进泥沙中，只露出眼睛，然后等待猎物出现。

17. 黄蜻

黄蜻只有3.8厘米长，但能不停歇地飞越7000多千米，甚至跨越海洋。这超越了世界上任何一种昆虫。

18. 红斑蜻（拟）

雄性红斑蜻通体亮红，有着琥珀色的翅，色彩非常引人注目。雌性的颜色更淡，翅是透明的。

19. 点斑毛伪蜻（拟）

这种蜻蜓后翅上的斑点十分容易辨认，它们也因此得名。

20. 条斑赤蜻

条斑赤蜻的英文俗称为“common darter”（普通飞镖手），这来源于它们的捕食行为——它们停在叶子或者门上一类的地方，然后在发现猎物路过时猛冲过去。

21. 心斑绿蟌

雌性心斑绿蟌既可能是蓝色的也可能是绿色的。这个物种富有攻击性，雄性会在雌性产卵时保卫雌性，抵御其他的蟌和任何其他物种。

22. 皇丽翅蜻（拟）

你可以通过观察翅来辨别这种紫色蜻蜓的雌雄两性。二者都有暗色的翅和透明的斑点，但是雌性的翅末端是透明的。

23. 秃黄蟌（拟）

这种小巧的橙色豆娘有着鲜绿色的眼睛，几乎存在于非洲所有类型的淡水栖息地中。

24. 日本昔蜓

这种日本蜻蜓在水面上方的植物中产卵。当卵孵化时，稚虫会跳入水中。

25. 晓褐蜻

晓褐蜻是蜻科的物种，蜻科是全球蜻蜓中最大的科。晓褐蜻生活在亚洲部分地区的水塘、草本沼泽和河流地带。

晓褐蜻

锥腹蜻

26. 锥腹蜻

锥腹蜻体形很小，体长只有33毫米。在英文中，它们有时候被叫作“trumpet tail”（小号尾），这源自它们的腹部形状。

27. 基斑蜻

基斑蜻拥有宽阔平坦的腹部，使它们显得肥胖。这是欧洲和中亚地区最常见的蜻蜓种类之一。

28. 美斑蜻（拟）

美斑蜻在英文中被叫作“twelve-spotted skimmer”（十二斑蜻蜓），来源于翅上的12个褐色斑块。随着美斑蜻的生长和衰老，其翅上还会出现白色斑块。

29. 蓝大痣蟌

这种蟌的翼展有19厘米，是现存的蟌和蜻蜓之最。它们以织网的蜘蛛为食，会把蜘蛛从网上抓下来，然后降落到别处吃掉。

30. 壶腹伪蜻（拟）

壶腹伪蜻的腹部形状和大多数伪蜻都不相同，更加扁平，末端是抹刀形的。

图1. 蓝晏蜓的身体结构

所有蜻蜓目的物种都有几个共同之处。它们都有两对各自可以独立活动的翅、巨大的眼睛、能在空中抓住猎物的足。

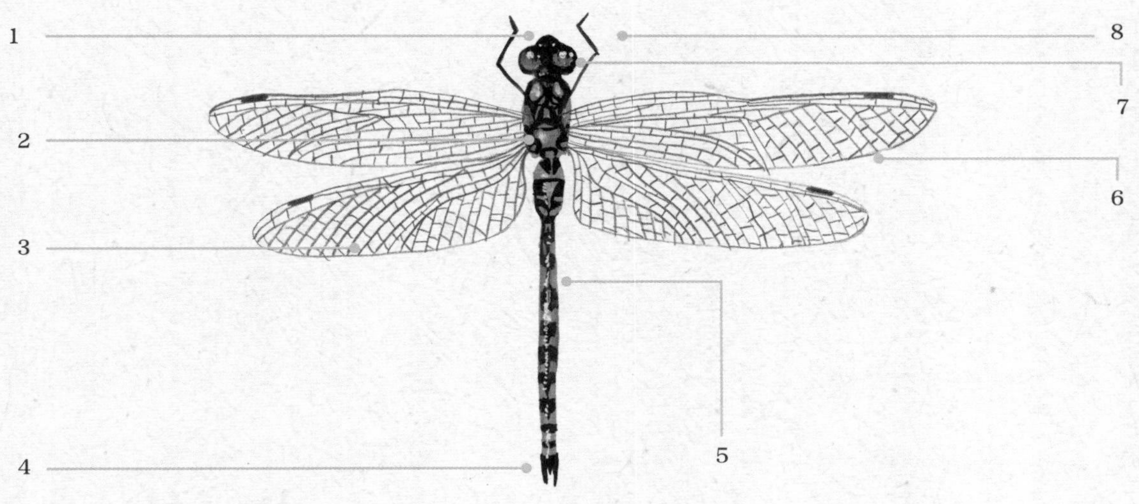

1．上唇
2．胸部
3．后翅
4．肛附器
5．腹部
6．前翅
7．大型复眼
8．足

图2. 水蚕阶段

蜻蜓目的生活史

蜻蜓和蟌通常在飞行中交配，雌雄个体相互连接，成对飞行，寻找适合产卵的植物。有些时候，如果雌性找不到合适的植物，它会直接把卵产到水里。几天或者数周后，水生的稚虫（水虿）从卵中孵化出来。蜻蜓目的所有物种都要经历水生的稚虫时期，在这个时期，它们以水生的昆虫为食，也捕食蝌蚪和鱼类。水虿自身需要经过多达14次蜕皮，在进入成虫阶段之前不断生长和变化。这一过程有时需要4年以上。当环境适宜时，它们爬出水面，蜕掉外壳，伸展开翅。现在，它们将作为成虫去寻找交配繁殖的机会，继续上述的循环。

美斑蜻稚虫

成体**美斑蜻**

蜻蜓目的稚虫有一副能抓握的下颚，收缩在头部的下方。当它们发现猎物之后，下颚会迅速弹出，抓住对方！

鞘翅目

Coleoptera，来自古希腊语koleos（鞘）和pteron（翅）

到目前为止，鞘翅目是世界上所有昆虫中多样性最高、物种数量最多的目。科学家已经发现并命名了超过40万个鞘翅目物种。它们遍布全球各种生境。它们在演化上的成功来自第一对翅（鞘翅）——提供了保护性的盔甲，可以盖住身体，并保护第二对翅。这种简单的贝壳状体形又经历了各种特化，被用于炫耀、伪装甚至游泳。很多鞘翅目物种，如欧洲锹甲，都具有性二型性，雌雄两性的外表有明显的差异。

1. 分爪负泥虫

分爪负泥虫的英文俗名是“scarlet lily beetle”（猩红百合甲虫），正如其名，分爪负泥虫取食百合科的植物。当这种甲虫感受到危险时，它们仰面朝天，六足向内弯曲，以假死作为一种防御机制。

2. 斑鞘饰瓢虫（拟）

雌性斑鞘饰瓢虫能产下多达1000颗卵。这个物种捕食蚜虫，所以通常把卵产在蚜虫生活的地方，但是幼虫也可以爬行12米远的距离搜寻猎物。

3. 楔斑溜瓢虫

这种瓢虫外表暗淡，但是当它们被袭击时，会从关节处释放出一种毒素，让捕食者觉得它们难吃。

4. 发光巫萤（拟）

和巫萤属的其他物种一样，雌性发光巫萤能够模仿其他萤火虫物种的交配信号。当其他萤火虫物种的雄性前来查看时，发光巫萤就会吃掉对方。这被叫作攻击性拟态。

魔鬼彩虹蜣螂

5. 魔鬼彩虹蜣螂

魔鬼彩虹蜣螂属于花金龟科，有着弯曲的角和颜色鲜亮的身体，通常是泛着黄色光泽或金色光泽的绿色，也可能是泛着绿色光泽的红色。

6. 白翅长足甲（拟）

这个类群演化出了应对严酷沙漠环境的手段。它们会“沐雾”，也就是爬到沙丘顶部，下半身指向空中，雾中的水蒸气在它们身体表面凝结以后，就会流到它们的嘴里。

7. 加州吉蕈甲（拟）

加州吉蕈甲的身体是黑色的，鞘翅的颜色可能在暗灰色和亮蓝紫色之间。鞘翅上还有黑色的凹陷。

8. 爪哇琴步甲

爪哇琴步甲因它们令人难以置信的奇特外形而得名——鞘翅和延长的头部看起来就像一把小提琴一样。它们能长到将近9厘米长。

9. 五线跳甲

五线跳甲的幼虫是红褐色的，体表遍布着小颗粒状的球囊器官。这些器官可能是用来进行化学通信的。

10. 二十二星菌瓢虫

虽然大多数瓢虫捕食蚜虫，但是二十二星菌瓢虫吃真菌。你能很容易猜到，这个物种的名字来自它们黄色背甲上的22个斑点。

11. 御夫耀金龟（拟）

这种有着耀眼颜色的甲虫看起来就像一块真正的金子一样。它们演化出鞘翅上的闪亮光泽，可能是为了有助于伪装或者将潜在捕食者致眩。

12. 小圆皮蠹

这种微小的昆虫只有不到3.5毫米长。幼虫以死亡的昆虫和羽毛、动物

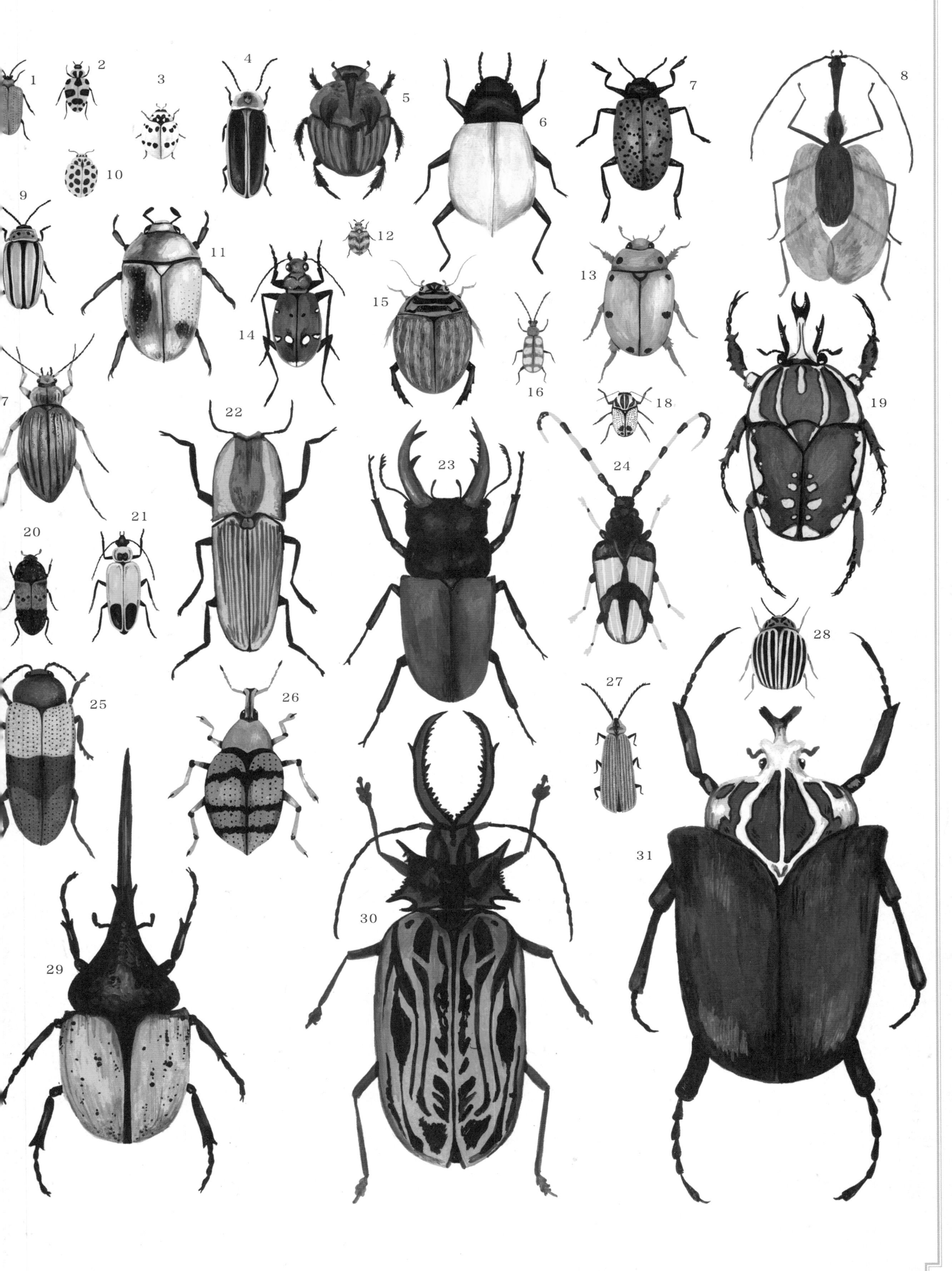

1
2
3
4
5
6
7
8
10
9
11
12
13
14
15
16
7
22
18
19
23
24
21
20
28
27
25
26
31
30
29

毛发等自然纤维为食，成虫吃花粉和花蜜。

13. 葡萄斑丽金龟（拟）

葡萄斑丽金龟分布于北美洲。它们能长到2.5厘米长，取食葡萄的果实和叶子。

14. 绿虎甲

绿虎甲的成虫是强大的捕食者。它们拥有视力良好的大眼睛和强壮的镰刀形的颚，长长的足使得它们能够迅速移动。

15. 沟纹阿龙虱（拟）

这种龙虱会积极地追捕猎物，并用大大的颚抓住并吃掉它们。这个物种还有防御性的腺体，能分泌毒素驱赶天敌。

16. 条带根萤叶甲（拟）

条带根萤叶甲的头是红色的，身体和鞘翅是黄绿色的。它们分布在南美洲和北美洲，以多种水果和蔬菜为食。

17. 金大步甲（拟）

金大步甲拥有珠光绿色的鞘翅和头部，以及橙色的腿和触角。这种捕食性的甲虫以蠕虫、蜗牛和昆虫为食，它们用大颚制服猎物后，会把一种消化液喷到对方身上。

18. 拟小丑隐头叶甲（拟）

拟小丑隐头叶甲的鞘翅表面闪亮，而身体腹面覆盖着一层短而稀疏的白色毛发。

19. 巨人角花金龟（拟）

这种巨大的花金龟以水果和树液为食。巨人角花金龟常常被人作为宠物饲养！雄性能长到5厘米长，头上还长着角。

20. 火腿皮蠹

火腿皮蠹是皮蠹科的成员，从幼虫到成年都是腐食性的。在人类居住的地方，火腿皮蠹搜寻动物制品为食，比如干肉、毛皮或者羽毛，还吃谷物一类的植物性食物。

21. 宾州凸颚花萤（拟）

这种花萤飞行起来很轻快，有时候会因为黄黑相间的配色而被认作黄蜂。它们取食花粉，所以是一些开花植物的重要传粉昆虫。

22. 白缘铜鳞叩甲（拟）

白缘铜鳞叩甲是一种叩甲，可以用胸部发出响亮的叩击声，同时把自己弹到空中。这个物种分布于阿根廷，体长可以达到3厘米。

23. 欧洲锹甲

这种特别的欧洲甲虫以巨大的、鹿角般的颚而闻名。它们体形很大，雄性体长可达7.5厘米。雄性欧洲锹甲会用颚相互打斗，以争夺雌性甚至是食物。

24. 长颚糙颈天牛

这种天牛分布在美国南部和墨西哥，在很多不同的寄主树木中产卵。它们的触角极长，通常很容易辨别。

长颚糙颈天牛

25. 异截颚吉丁

这种颜色鲜艳的甲虫有绿色的头部和足，鞘翅上的条带分别是黄色、深蓝色、红色和蓝绿色的。这个物种属于吉丁虫科。

26. 顺氏丽鳞象甲

作为象甲科的成员，顺氏丽鳞象甲有着亮蓝色的足和金属光泽的蓝绿色鞘翅，上面覆盖着黑色条带。这个物种只分布于新几内亚。

27. 宽三叉红萤

宽三叉红萤有着跟大多数甲虫不同的软质鞘翅。它们是砖红色的，对捕食者来说具有毒性。

28. 马铃薯叶甲

马铃薯叶甲的椭圆形身体是亮橙色的，有棕色条带。它们是以马铃薯为食的害虫，能给马铃薯作物造成严重损害。

29. 长戟犀金龟

长戟犀金龟是犀金龟亚科的物种，雄性以长角而出名。这是世界上最长的昆虫之一——雄性体长可达17.5厘米（包括角在内）。

30. 美洲长牙大天牛

这种甲虫的颚很长，并由此得名。这种甲虫一生大部分时间都处于幼虫阶段，可能持续10年之久。成虫期只有几个月。

31. 大王花金龟

大王花金龟是世界上最大（也是最重）的昆虫之一。这些巨型甲虫生活在非洲的热带雨林中，以高糖分的树液和水果为食。

图1. 从最小到最大

虎纹大角花金龟和微羽缨甲

鞘翅目是现存最大的动物目之一。所有命名过的动物中，有四分之一是甲虫。这个庞大多样的目由超过40万个甲虫物种组成，可能还有很多尚未发现的种类。

甲虫是从2.7亿年前的原始昆虫类群中演化而来的，从那以后繁衍兴盛，扩散到全世界几乎所有的栖息地环境中。

有些甲虫，比如非洲的虎纹大角花金龟（*Goliathus albosignatus*），体长可以超过10厘米。大角花金龟是世界上最大的昆虫之一，而且据说还能举起超过自身重量850倍的物体。

世界上最小的甲虫是缨甲科的微羽缨甲（*Ptenidium pusillum*）。微羽缨甲只有0.4毫米长。它们的俗名源自它们羽状的翅，它们的翅像蒲公英种子一样主要用来飘浮。

放大的**微羽缨甲**。实际最大尺寸为0.4毫米。

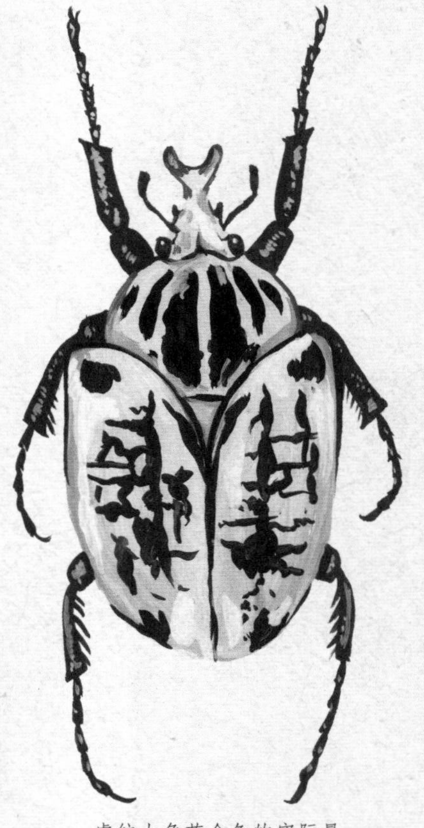

虎纹大角花金龟的实际最大尺寸为11厘米。

图2. 鞘翅目身体结构

巨人角花金龟

甲虫没有骨骼。和其他的昆虫（以及其他的节肢动物）一样，它们具有外骨骼，而就在盔甲一样的外骨骼下方，有一层类似皮肤的覆盖物。外骨骼由不同的板块组成，保证了灵活性。

鞘翅目成员的前翅（第一对翅）硬化（鞘翅），不能用来飞行，在飞行时会抬起来为膜质的后翅腾出空间。当它们停下来时，膜质的后翅折叠起来，由鞘翅覆盖保护着。许多雄性甲虫有角，可以用来打斗和保卫领地。角有时也被用作工具，用来挖掘或者处理筑巢的材料。

甲虫的六足末端还有爪子一样的钩。包括巨人角花金龟在内的许多物种，会用这些钩爪来帮助自己爬树，以取食树液和腐烂的水果。

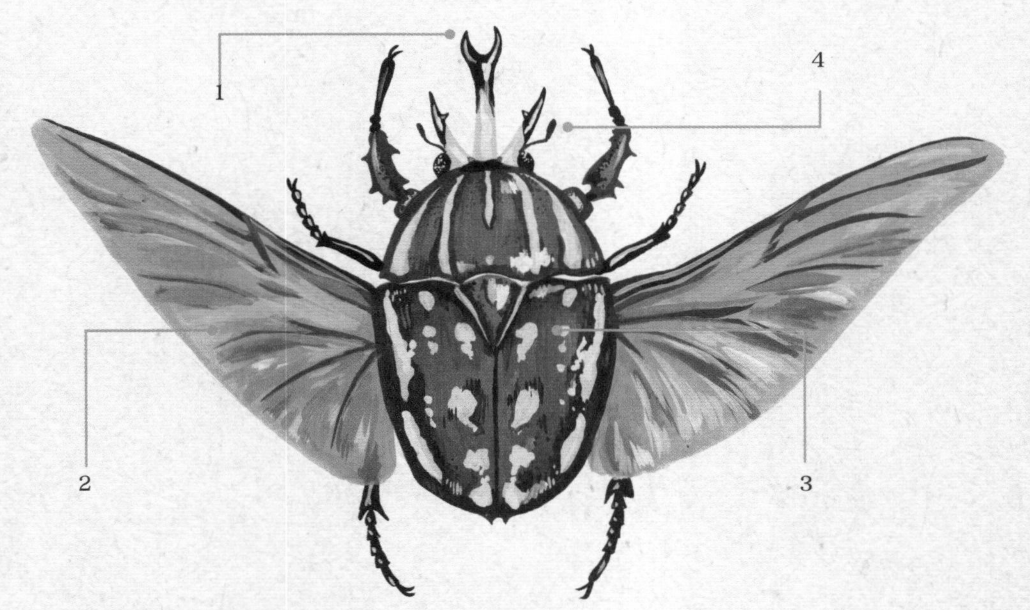

1. 角 2. 翅 3. 鞘翅 4. 触角

1
2
3
4
5
6
7
8
9
10
11
12
13
14
15
16
17
18
19
20
21
22
23
24
26
27
28
29
30

膜翅目

Hymenoptera，来自古希腊语hymen（膜）和pteron（翅）

膜翅目昆虫的雌性具有一根针状的管子（产卵管），用来将卵注入各种植物甚至是动物（通常是幼虫寄生的对象）体内。在许多物种中，特别是社会性的黄蜂和蜜蜂，产卵管被“挪用”为向潜在捕食者注射毒液的武器。有些物种，比如大鸟沟蛛蜂能用自己带毒的螫针使成年的捕鸟蛛瘫痪，然后把瘫痪的猎物拖入巢中作为幼虫的食物。有毒的膜翅目物种会使用多种方式来警告捕食者自己有螫针，最常用的方法是很多物种都具有显眼的黑黄“警示条纹”。

1. 长颊熊蜂

熊蜂和蜜蜂不一样的是，熊蜂的螫针在使用一次后不会脱落，所以可以反复使用。在夏季，这种熊蜂工作十分努力，有时候会力竭而死。

2. 鲍氏大齿猛蚁（拟）

鲍氏大齿猛蚁具有能张开180度的大颚。这副大颚是动物界速度最快的捕猎器官，能在130毫秒内迅速闭合。

3. 角额壁蜂

角额壁蜂作为高效的传粉昆虫被引入了需要提高传粉率的地区。仅一只角额壁蜂每天就能访问2500朵花，在每朵花上停留4~8秒来收集花粉和花蜜，然后传播到其他的花上。

4. 澳洲蜾蠃（拟）

guǒ luǒ

澳洲蜾蠃是蜾蠃亚科的物种。像其他蜾蠃一样，这个物种独居生活，不聚集成群。成虫取食花蜜，幼虫以母亲捕猎的毛虫为食。

5. 袖黄斑蜂

袖黄斑蜂的英文俗称是“European wool carder bee”（欧洲毛纺蜂），因为它们会从多毛的植物（例如绵毛水苏）表面收集绵毛，作为筑巢的材料。

袖黄斑蜂

6. 大树蜂

雌性大树蜂把产卵管插入死亡或遭到病害的松树中产卵。幼虫会在树木内部生活和发育3年左右。

7. 憎恶火蚁

憎恶火蚁体形微小，以至于常常被人忽视。它们常常与其他蚂蚁物种比邻而居，偷盗对方的食物。

8. 黑毛蚁

黑毛蚁在飞行中交配。如同很多其他蚂蚁物种，黑毛蚁的雄蚁和未交配过的蚁后都有翅。交配之后，蚁后会降落到地面挖洞产卵，建立自己的蚁巢。这是未来蚁群的开端。

大蜜蜂

9. 大蜜蜂

大蜜蜂是最大的蜜蜂物种。面对捕食者的攻击，它们具有令人难以置信的防御手段。大蜜蜂能将自己的体温上升到45摄氏度左右，并聚成球形围绕在捕食者周围。这个温度对于入侵的胡蜂来说是致命的。

10. 卡氏刻柄茧蜂（拟）

像绝大多数茧蜂一样，卡氏刻柄茧蜂是寄生性的。它们用产卵管在其他物种的幼虫体内产卵，寄主包括蝇类、蝴蝶和其他昆虫。茧蜂幼虫以寄主为食，在羽化时通常会杀死寄主。

11. 加州木蜂（拟）

木蜂在枯死的木材中筑巢。雌性木蜂用颚刮木头时，身体会随之振动。典型的巢只有一个入口，但由许多隧道组成。

苔藓状熊蜂

12. 藓状熊蜂

藓状熊蜂以筑巢的方式而得名。它们在地面或者地面下方筑巢，并用苔藓和干草遮盖蜂巢。

13. 幻影兰花蜂（拟）

这种有金属光泽的绿色蜂为兰花传粉。雄性会用后腿上的特殊袋子收集不同香味的花粉，然后释放出来以吸引雌性。

14. 金环胡蜂

金环胡蜂是世界上最大的胡蜂。它们捕食其他昆虫，尤其喜爱蜜蜂。金环胡蜂的螫针可以反复使用，但是它们杀死蜜蜂的方式是用大颚撕扯对方。

15. 拟态蜜罐蚁

这个物种有一类特殊的工蚁，专门负责储存高能量的食物（蜜）。但它们并不是将食物存放在巢中，而是储存在自己体内。当食物短缺时，其他蚁会敲打工蚁的触角，这时，工蚁就会吐出储存的蜜。

16. 蓝黑蚁小蜂（拟）

这种蜂是寄生性的。从卵中孵化出来以后，幼虫会附着在路过的蚂蚁身上。它们被带进蚁穴之后就以蚂蚁幼虫为食。

17. 大鸟沟蛛蜂（拟）

大鸟沟蛛蜂是一种捕食捕鸟蛛的蛛蜂。它们的毒针蜇刺能麻痹蜘蛛，被认为是世界上最令人疼痛的蜇咬。

18. 加州蓝泥蜂（拟）

加州蓝泥蜂并不总是需要自己筑巢，有时会利用现成的巢。蓝泥蜂是黑寡妇蜘蛛的主要天敌。

19. 额斑黄胡蜂

如同其他的胡蜂和蜜蜂物种一样，额斑黄胡蜂的雌性蜂后是群体中唯一能度过冬季的。早春时节，蜂后会选择合适的地点建一个新的小巢，然后东山再起。

20. 黑头酸臭蚁

黑头酸臭蚁的头部是黑色的，腹部和足是透明的，带有淡淡的颜色。这种蚂蚁很难观察到，不仅仅是由于它们近乎透明，还因为它们体形很小，体长不超过1.5毫米。

21. 棕黄地蜂（拟）

棕黄地蜂在地上挖洞筑巢，在地面上留下火山形状的小土堆。这是一种独居性的蜂，雌性独自筑巢和育幼。

22. 德国黄胡蜂

德国黄胡蜂已经随着货运箱扩散到了全世界，甚至威胁到了入侵地区的原生动物。它们以多种昆虫和蜘蛛为食，并和同地区的其他物种竞争。

23. 加州长尾小蜂

这种小蜂把卵产在橡树中。幼虫从卵中孵化后，随着生长分泌一种物质，使得树木组织从四周将其包围，形成一个叫作“虫瘿”的隐蔽所。

24. 玫瑰三节叶蜂

玫瑰三节叶蜂以月季为食，并在月季上产卵。雌性产卵时会在月季的枝条上留下一长串小洞形成的“疤痕”，有时能导致枝条从中裂开。

25. 黄猄(jīng)蚁

黄猄蚁凭借着有趣的筑巢行为而闻名。它们通过合作，把叶子卷曲成各种形状，然后用一种薄薄的白色材料进行粘贴。

26. 龟蚁属

龟蚁属的蚂蚁具有形态独特的扁平头部，还会“伞降”——它们能在空中滑翔，从高处的树枝掉落时，可以操纵身体方向，飞回自己生活的那棵树。

27. 东方胡蜂

这种胡蜂能把太阳能转化成自身能量，在一天中太阳高度最高时更为活跃。它们腹部的黄色条带是由黄蝶呤色素形成的，这种色素能把阳光转化成电能。

28. 切叶蚁

切叶蚁常常数百只一群，把叶子运回巢中。但它们不吃叶子，而是在地下用树叶“种植”真菌作为自己的食物。

29. 果园壁蜂

果园壁蜂深受果农们的喜爱——一只工蜂每天能够访问60000朵花，为蜂巢收集花粉和花蜜。

30. 宾州泥蜂（拟）

宾州泥蜂体形硕大，有时会被误认为是大鸟沟蛛蜂。这种捕食者以螽斯一类的昆虫为食，会用螯针蜇对方3次——一次在颈部，两次在胸部。

图1. 德国黄胡蜂

膜翅目的所有物种都有着与众不同的体形：圆形的头部、圆形的胸部和大而圆的腹部。

膜翅目的物种经历完全变态发育，从卵到幼虫再到成虫，和鳞翅目类似。

膜翅目的部分物种具有极高的社会性，形成巨大的群体共同生活；而有的物种习惯独居，只有交配时才会寻找异性。在社会性的群体中，女王会制造不育的工蜂/工蚁群体来抚育自己可育的“王室”后代。

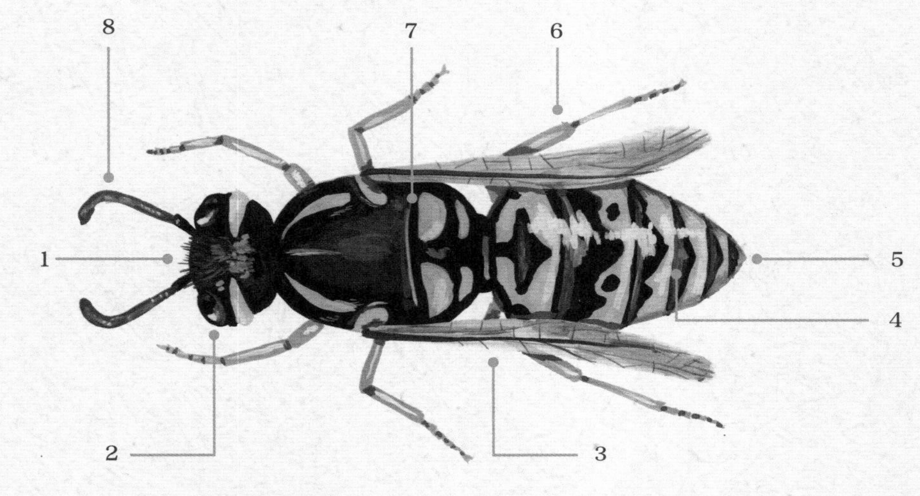

1. 头部
2. 复眼
3. 翅
4. 腹部
5. 螯针/产卵管
6. 足
7. 胸部
8. 触角

图2. 产卵管

卡氏刻柄茧蜂

在膜翅目中，雌性通常具有一根产卵管，可以将卵注入木材、果实甚至是毛虫体内。产卵管可以用来为卵打通道路，将卵排出，然后把卵放置到位。

一些蜂类能用长而细的产卵管扎进树木中——它们首先探听木材内部寄主昆虫发出的振动，然后钻透木材（在寄主体内）产卵。

许多膜翅目昆虫的产卵管被改造成了螯针。附加的毒素使得它们能在产卵的同时避免被寄主伤害。

卡氏刻柄茧蜂甚至能把病毒注入寄主体内，抑制寄主的免疫系统，以使自己的幼虫不被其发现。

1. 头部
2. 翅
3. 腹部
4. 螯针/产卵管

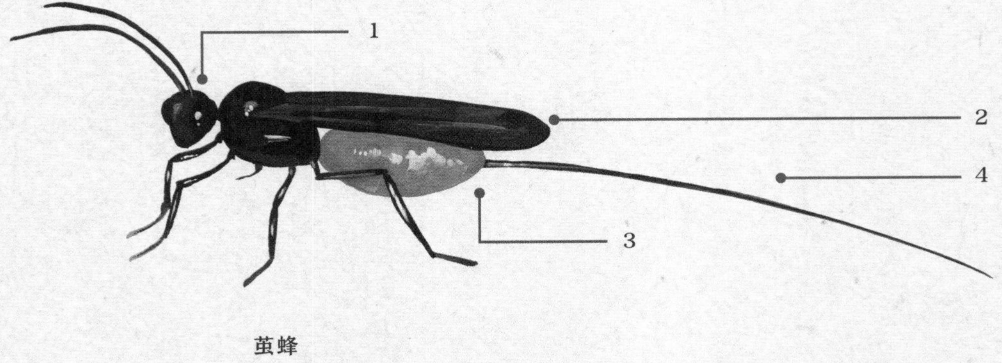

茧蜂

有鳞目

Squamata，来自拉丁语squama（鳞片）

有鳞目（或者长有鳞片的爬行类）是生存大师。它们具有坚硬的鳞片状皮肤，这可以帮助它们在干旱环境中防止水分散失，因此有鳞目能够栖息在地球上最为干旱炎热的环境中。有鳞目可以简单地分成蛇和蜥蜴两大类，其共同点是具有脊椎结构。蛇类还具有强壮且能够脱臼的下颌，能吞下更大的猎物。这个古老的类群有超过10000个物种，很多物种需要依靠阳光来提供新陈代谢所需要的热量。只有少数物种，比如极北蝰，适应了寒冷气候下的生活。

伊比利亚蚓蜥

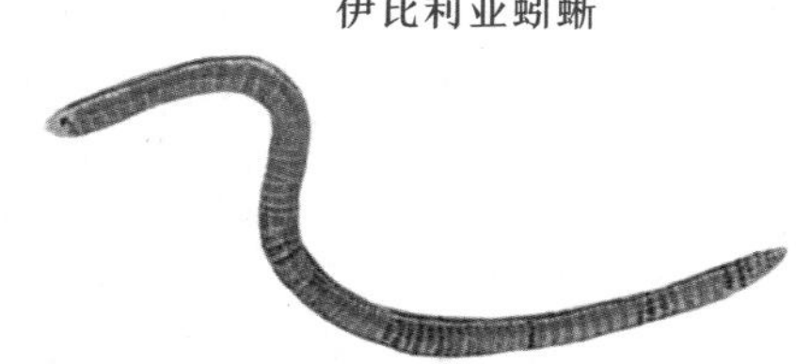

1. 伊比利亚蚓蜥

如同很多蜥蜴物种一样，伊比利亚蚓蜥能利用栖息环境中的石头来加热或者冷却自身以达到合适的体温。为了保持凉爽，它们能靠挖掘钻到10厘米深的土里。

2. 黄水蚺

这种无毒蛇是世界上体形最大的蛇类之一，体长可达4米。作为捕食者，它们在浅水中搜寻鸟类、鱼、蜥蜴、哺乳类和其他动物。

3. 斑驳夜蜥

斑驳夜蜥能根据白天和黑夜改变皮肤颜色。在白天，它们处于“深色期”，是深棕色和白色的，在晚上的“浅色期”，它们变成白色，背部和尾巴上有不规则的斑点。

4. 大壁虎

大壁虎在亚洲分布很广。它们的原生栖息地是雨林，但也适应了人类居住区的环境，会在墙上和天花板上爬行以寻找昆虫。

5. 阿鲁巴鞭尾蜥

这种与众不同的蜥蜴来自阿鲁巴岛。它们暗色的身体表面有明亮的青绿色斑点，尾巴上有青绿色的环纹。

6. 西部石龙子

西部石龙子遇到危险会逃跑，但如果被捕食者抓住，则会自断尾巴分散对方注意力。和许多其他蜥蜴一样，断掉的尾巴最终能重新长出来，但是颜色和形状可能会不一样。

7. 闪鳞蛇

闪鳞蛇以十分闪亮的鳞片而闻名。它们鳞片的结构能散射光线，在阳光照耀下显现出不同的颜色。

8. 方格短头蚓蜥

方格短头蚓蜥没有足，但有松弛的皮肤，可以像手风琴一样缩放，实现移动。它们一生中大部分时间都在地下度过，所以眼结构简单，视力也不好。

9. 西部缨尾蜥

西部缨尾蜥的英文俗名叫作“neon blue-tailed tree lizard”（霓虹蓝尾树蜥），是树栖物种。它们住在树上，具有布满气孔的轻质骨骼，这使得它们能够在空中滑翔30米之远。

10. 极北蝰

极北蝰颜色多变，具有与众不同的“闪电状花纹”。这是唯一一种居住在北极圈内的蛇类。

11. 美国毒蜥

美国毒蜥是世界上仅有的几种能够释放毒液的蜥蜴之一。它们的毒液

美国毒蜥

1
2
3
4
5
6
7
8
9
10
11
12
13
14
15
16
17
18
19
20
21
22
23
24
25
26
27
28
29
30

是一种较弱的神经毒素。美国毒蜥能抓住受害者啃咬，在这个过程中，毒素顺着牙齿上的沟槽进入对方的伤口破损处。

12. 伊比利亚岩蜥

伊比利亚岩蜥的尾巴几乎可达身体的两倍长。因被捕食而丢掉尾巴的雄性在社群等级体系中地位更低，更少对雌性进行求偶。尾巴缺失的雌性也更少遇到异性的求偶。

13. 钩盲蛇

钩盲蛇是无毒的，而且完全是住在地下洞穴里的穴居性动物。它们的眼睛几乎完全看不见，只能感受到光照，有时被误认为是蚯蚓。

14. 角叶尾守宫

角叶尾守宫分布在马达加斯加岛上，扁平的尾巴拟态一片腐烂的树叶。在白天，这个适应性特征能帮助它们隐蔽在类似的周边环境中。

15. 太阳角蜥

太阳角蜥是一种小而扁的蜥蜴，大概有人的手掌那么大，全身遍布棘刺。虽然有刺，但遇到危险时，它们还是倾向于逃跑，最主要的御敌手段是能从眼中射出血液。

16. 加拉帕戈斯粉红陆鬣蜥

这种极度濒危的鬣蜥身体是粉色的，有黑色的斑纹。它们主要是植食性的，以仙人掌及其果实为食。

17. 绿树蟒

绿树蟒是树栖的夜行性动物，因而在野外难以观察到。当在树上休息时，绿树蟒会在树枝上盘成圈，然后把头放在正中间。

蓝灰扁尾海蛇

18. 蓝灰扁尾海蛇

这种有毒的海蛇生活在印度洋-太平洋海域的热带海水中。它们具有特化成桨状的尾巴，大部分时间待在水下。蓝灰扁尾海蛇上岸是为了消化食物和休息，在陆地上的爬行速度只有在海中的五分之一。

19. 蛇蜥

虽然看上去像蛇又像虫（英文俗名为“slow worm”，意为“缓慢的蠕虫”），但蛇蜥既不是蛇也不是虫，而是没有四肢的蜥蜴。它们可能是世界上最长寿的蜥蜴——在野外能存活30年，在饲养条件下能活54年。

20. 白喉巨蜥

白喉巨蜥是非洲第二长的蜥蜴，身长可达1.5米。它们几乎完全是肉食性的，幼年时期吃无脊椎动物，成年后以脊椎动物为食。

21. 五趾双足蚓蜥

五趾双足蚓蜥体表的软质鳞片看起来很像蠕虫带褶皱的皮肤。这个擅长挖洞的物种是所在的属（双足蚓蜥属）中唯一的成员。它们头部后方有一对前肢，后面拖着蛇一样的身体。

22. 马达加斯加叶吻蛇

这个物种是分布于马达加斯加的树栖蛇类。鼻部形态奇特的附属物（雄性尖锐，雌性的是叶子形状）能帮助它们在藤蔓和枝条中隐蔽，然后潜行伏击猎物。

23. 鳄蜥

鳄蜥因为尾巴的外形而得名，膨大的鳞片沿身体纵向形成两道突出的脊，很像鳄鱼的尾巴。

24. 盔甲避役

这种避役有变色能力，但会受到很多因素影响，包括情绪、温度和整体健康情况。

25. 印度眼镜蛇

当感受到威胁时，印度眼镜蛇扩张开来的颈部宽大而醒目，十分容易辨认。许多印度眼镜蛇的颈部背面具有著名的眼镜状纹理。

26. 布氏扁身环尾蜥（拟）

布氏扁身环尾蜥是一种扁身环尾蜥。它们擅长跳跃，并能凭借这一能力捕食空中成群飞行的蚋。

27. 绿蔓蛇

绿蔓蛇具有像人类一样的双眼立体视觉，这能帮助它们识别和追踪猎物。它们是有毒的，毒液能使猎物麻痹，不能动弹。

28. 绿安乐蜥

绿安乐蜥是鲜绿色的，但是能根据情绪、温度或者湿度快速变成棕色、黄色或者灰色。虽然这种变色能力和避役很像，但是它们分属于蜥蜴家族的不同分支。

29. 澳洲魔蜥

澳洲魔蜥只以蚂蚁为食，每天要吃掉上千只小而黑的蚂蚁。晚上，湿气在魔蜥的身体表面凝结成水，然后被引流到它们的口中。

30. 伞蜥

伞蜥有一圈带褶皱的皮膜，平时收缩在颈部。受到威胁时，伞蜥用后腿站立，张大嘴，张开环绕头部的鲜艳皮膜，发出咝咝的叫声。

图1. 鳞片和甲盾

有鳞目的皮肤

有鳞目在侏罗纪中期由一支古老的爬行类动物演化而来。它们是爬行类当中最大的目，具有特殊的皮肤，由角质的鳞片和甲盾构成。

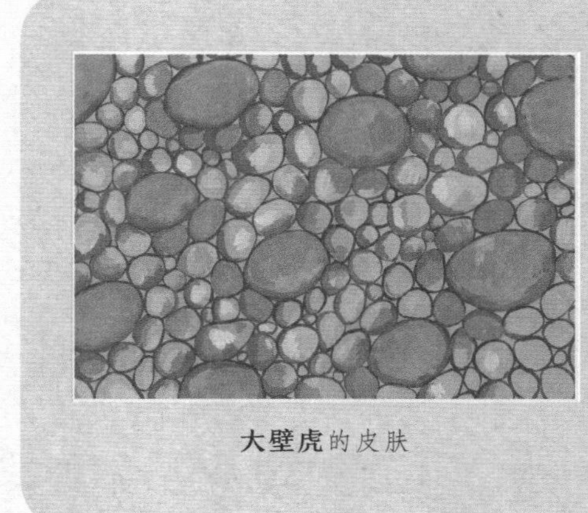
大壁虎的皮肤

蛇类全身都覆盖着大小形状不同的鳞片。蛇鳞能保护躯体、辅助移动，还能构成颜色和图案，以伪装和恐吓天敌。除了头部之外，蛇的鳞片相互重叠，如同屋顶上的瓦片。它们的头部、躯干和尾部有不同类型的鳞片。

蜥蜴的鳞片是角质化的皮肤，很多物种在其下还有骨质的板，即皮内成骨。鳞片有时候重叠，有时候尖锐，有时候是板状的。

有鳞目的动物需要定期蜕皮，这使得它们能蜕去老旧的皮肤（可能已经干燥或者有伤痕），还能去除寄生性的螨虫和跳蚤。大部分蜥蜴会周期性地蜕皮，旧皮肤成片脱落。蛇类和少数蜥蜴会蜕下一整张皮。旧皮从嘴部开始破裂，动物会蠕动着钻出旧皮，有时还需要借助石头等粗糙的表面进行摩擦。

眼镜王蛇蜕皮。

图2. 身体结构

蜥蜴和蛇

蜥蜴和蛇有一些共同的特征——脊柱构成的脊椎动物骨架，两对足，上下开合的颌。这个目的一些物种，比如无腿的蜥蜴和蛇，在演化中失去了四肢。

蜥蜴使用四肢来移动，而蛇类借助肌肉和鳞片移动。无腿的蜥蜴，比如蛇蜥，只能向两侧摆动身体来前进，就好像它们还在使用缺失的四肢一样。除了运动方式，蛇和无腿的蜥蜴还可以通过其他方式区分——蛇没有耳孔和能闭上的眼睑，但蜥蜴有。

蛇的躯干很长而尾巴很短，无腿的蜥蜴尾巴较长而躯干较短。当被捕食者抓住或者被卡住时，蜥蜴能够断尾逃跑，无腿的蜥蜴也可以。这叫作自割——它们的尾巴还能长回来，但可能要经过几年的时间，而且只能断一次。

白喉巨蜥

极北蝰

1
2
3
4
5
6
7
8
9
10
11
12
14
15
16
17
18
19
20
21
22
23
24
25
26
27
28
29
30

龟鳖目

Testudines，来自拉丁语testa（壳）

龟鳖目物种与众不同之处是具有可愈合的肋骨，形成了富有魅力、具有保护作用的龟壳结构。这个目有超过300个现存物种，包括水生的龟和陆龟，它们都具有类似鸟类的角质的喙。龟鳖目也会产带壳的卵，通常把卵产在特意挖好的洞里。龟鳖目的许多物种可以通过龟壳外层的骨质鳞片（盾片）来区分。根据栖息环境不同，这些盾片的特殊排列方式使得一些物种具有更高的灵活性，或者增强其保护作用。在刺鳖和棱皮龟身上，盾片被皮质的表层替代了。

1. 马达加斯加壮龟

这种极度濒危的水生龟类是世界上最珍稀的龟鳖目物种之一。它们生活在马达加斯加的河流和湖泊中，如同其英文俗名“Madagascan big-headed turtle”（马达加斯加大头龟）说的那样有硕大的头部。

2. 菱斑龟

这种小型的龟非常适应以蟹、贝类和螺为食的生活。它们也能吃鱼、昆虫和腐尸（死去动物的肉）。

3. 地龟

这种龟的上颌有一个钩子，可以帮助攀爬。它们的壳是橙褐色的，眼睛大而突出。

4. 佛罗里达穴陆龟

穴陆龟以它们的挖掘能力著称。它们能凭借着铲子一样的前腿挖出14.5米长、深达3米的洞。这样的洞使得穴陆龟能够躲避阳光、风和寒冷的天气。

5. 安哥洛卡陆龟

安哥洛卡陆龟极度濒危，在野外只剩下不到1000只。对这个物种的保护工作难度颇大，因为雌性直到10~15岁时才开始生育。

6. 鹰嘴珍陆龟

鹰嘴珍陆龟一生中大部分时间都在石头和落叶下面隐蔽。这是一种小型的陆龟，平均有11厘米长，常常被鸟类、狒狒、狗和其他捕食者捕食。

7. 锦箱龟

锦箱龟的腹甲具有“活页”结构，能和背甲完全合上。这使得它们能缩回头部，把自己完全包进这个保护性的“箱”里。

8. 黄斑图龟

雄性黄斑图龟的壳上布满了黄色斑块，还有淡奶油色和黑色的斑纹。黑色部分会随着年龄增长而褪去，所以花纹可以用于推断龟的年龄。

布氏拟龟

9. 布氏拟龟

布氏拟龟具有暗绿色的背甲和身体，但喉部和两颊是与众不同的亮黄色，从很远就可以看到。和很多龟鳖不同的是，它们可以在水下冬眠。

10. 扁陆龟

扁陆龟得名于它们扁平、极薄而有弹性的壳。这种龟是迅速敏捷的攀爬者，面对危险时能利用这项能力（以及扁平的躯体）躲进石缝里。

11. 玛塔蛇颈龟

这种形态奇特的龟是蛇颈龟属唯一的现存物种。它们体形较大，三角形的头部扁平，喙上有长长的“角”。它们的背甲看上去像树皮和落叶，有助于伪装隐蔽。

12. 棱皮龟

棱皮龟是现存最大的海龟，体长可达2.2米。它们是软壳的龟类，背甲是由皮质和含脂肪的肉构成的。

13. 蝎形动胸龟

蝎形动胸龟在干旱时可以在泥或者落叶堆中挖洞，然后以半休眠的状态生存，有点儿像冬眠。

14. 斑点水龟

斑点水龟的寿命可以超过100年。这种龟全身覆盖着黄色斑点。雌雄两性可以通过脸颊的颜色辨别：雄性面颊是黑的，雌性则是亮橙色或者黄色的。

15. 锦龟

锦龟在北美分化出了4个亚种。图中画的南部锦龟是最小的亚种，背甲上有一条红线，腹甲是浅棕色的。

16. 玳瑁

玳瑁的龟甲上有着漂亮的图案。这种生物对于保护珊瑚礁十分重要。它们以海绵为食，海绵被去除后珊瑚才能生长。

17. 锯缘东方龟

锯缘东方龟与众不同的背甲具有锯齿状的边缘，能抵御蛇一类的捕食者。不幸的是，这些锯齿会随着年岁增长而磨损，使它们失去保护。

18. 卡罗莱纳箱龟

卡罗莱纳箱龟几乎可以吃一切东西，包括植物、昆虫甚至是死于“路杀”的动物。它们常以有毒的真菌为食，却不会因此死亡，反而使自己的肉对捕食者来说有致命的毒性。

平胸龟

19. 平胸龟

平胸龟的头非常大，就像它的英文俗名“big-headed turtle”（大头龟）说的那样，所以无法缩入壳中自我防护，但是它们拥有强有力的上下颌用来防御。

20. 密西西比麝香龟

这种龟在英文中有时也叫作“stinkpot turtles”（臭龟），因为它们能分泌一种气味强烈的物质（据说有时闻起来像烤焦的肉）来驱赶捕食者。

21. 纳氏伪龟

为了保证卵的安全，纳氏伪龟常常把卵产在鳄鱼的巢中。这样，鳄鱼会以为卵是自己的，从而保护它们不被捕食者吃掉。

22. 刺鳖

和大多数龟鳖不同的是，刺鳖具有柔软的皮质龟甲。它们一生大部分时间都在河流底部的泥沙中潜伏，这样既能躲避敌害又可伏击猎物。

23. 三线闭壳龟

与众不同的黄色条纹使三线闭壳龟成为世界上最漂亮的龟之一。令人遗憾的是，因为人们捕捉它们作为食物、药物或者是宠物，这个物种也是非常珍稀的物种。

24. 泥龟

泥龟受到许多法律和国际协定的保护，由于人类的捕猎，它们已经极度濒危。

25. 澳洲长颈龟

澳洲长颈龟也叫巨蛇颈龟，能利用长长的脖子抓住猎物。当受到威胁时，它们能释放出一种气味强烈的物质来吓走捕食者。

26. 加拉帕戈斯象龟

这种象龟只生活在厄瓜多尔的科隆群岛（加拉帕戈斯群岛）上，是世界上最大、最长寿的陆龟，体长可达1.5米，寿命长达150年。

27. 蛇鳄龟

鳄龟家族在恐龙时代就形成了，曾经兴盛一时。巨大的蛇鳄龟是这一家族现存的少数物种之一。

28. 乌龟

乌龟体形娇小，可以放在人的手掌上。虽然生活在水里，但它们游得并不快，只居住在水流缓慢的地方或者沼泽里。

29. 红腿陆龟

这种常见的陆龟生存能力很强。在寒冷的天气中，它们的新陈代谢减缓，几乎不需要进食。红腿陆龟能只靠一根香蕉存活一个月。

30. 印度星龟

印度星龟那令人惊奇的龟甲上布满星形花纹，而且它们的龟甲比其他龟甲更接近球形，这意味着如果背面朝天，它们会更容易翻过身来。

图1. 解剖学

龟鳖目

龟鳖目的物种主要根据骨质或软骨的龟甲结构来分类。

龟鳖目物种的甲壳是从肋骨发育而来的，起到了盾的作用。甲壳的上半部是背甲，下半部是腹甲。龟是无法从壳中爬出来的。龟壳内部由大约60根骨骼组成，包括肋骨和脊柱。

大部分龟鳖目的物种能把脖颈缩入壳中进行保护，但方式不尽相同。有的向后缩入脊柱下方，有的缩向一侧。

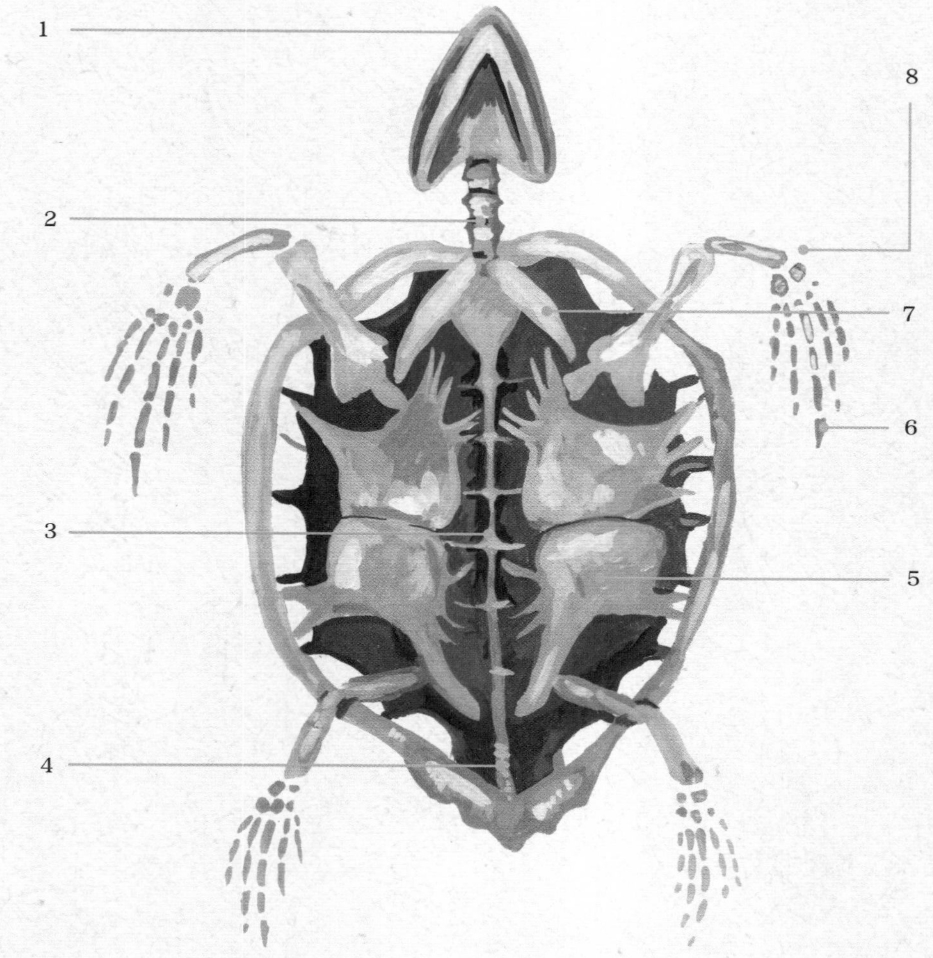

1. 颌
2. 颈椎
3. 胸椎
4. 尾椎
5. 腹甲
6. 指骨
7. 肩胛骨
8. 腕骨

图2. 海龟的生命周期

出生，孵化，回归大海

龟鳖目的物种寿命很长，最小的物种也能存活30~40年，一些大型物种常常能活100年以上。有些物种，如赤蠵龟，30岁成年，然后才开始产卵繁殖。

海龟总是会回到出生的地区寻找配偶，雌龟会回到自己出生的海滩产卵，因为它们知道那里是适宜卵发育的环境。雌龟持续交配直到所有的卵都受精，在几周时间内能产下多达8批龟卵。雌龟不会每年都返回出生地进行繁殖，但雄龟会。

雌龟在地上挖洞，在洞中产卵后用沙土覆盖。海龟幼体需要自己破壳而出，钻出泥土或沙子后立刻爬向大海。海龟从孵化开始就要自己保护自己，这是一段非常危险的时期，因为它们必须躲避所有捕食者。

玳瑁

无尾目

Anura，来自古希腊语an（没有）和oura（尾巴）

无尾目（没有尾巴的两栖类）大致可分为两大类——蛙和蟾蜍。蛙通常具有光滑的皮肤，栖息在湿地环境中；蟾蜍的皮肤通常（并非总是）更干，有疣状突起。它们生活在更干燥的地方，包括草原和温带森林。这两大类都有无壳的卵，由此孵化出的蝌蚪经过变态发育后变成成体。包括产婆蟾在内的一些物种会离开水照看自己的卵，把卵携带在后腿之间保持湿润。和其他两栖类不同的是，无尾目在繁殖季节非常依赖叫声（比如呱呱声、唧唧声和吱吱叫等）进行求偶。

峨眉髭蟾

1. 峨眉髭(zī)蟾

在繁殖季节，峨眉髭蟾的上唇会长出尖尖的棘刺（像髭须一样），这些棘刺可以用来和其他雄性对手打斗。它们有时会赶跑其他雄性，占据对方的巢和已经产下的卵。

2. 刺玻璃蛙

刺玻璃蛙与其他无尾目不同的是，雌性在溪流水面之上的植物叶片背面产卵。当蝌蚪从卵中孵化时，它们会跳进溪水里。

3. 产婆蟾

雌性产婆蟾把卵产在卵带中，而雄性会把这条卵带缠绕在身上，然后一直携带，直到卵发育成熟。雄性会寻找凉爽的水塘将蝌蚪释放到水中。

4. 草莓箭毒蛙

草莓箭毒蛙的双亲都会参与抚育幼蛙。雄蛙负责保卫巢穴并给巢穴添水，雌蛙负责喂养幼蛙。

5. 日本蟾蜍

这种蟾蜍分布于日本，和多数蟾蜍一样会冬眠。冬天，它们会挖掘洞穴，深入地下不封冻的区域。

6. 多色斑蟾

多色斑蟾有时被叫作小丑蛙。它们曾被认为已经灭绝，但之后人们在哥斯达黎加的山地中发现了一个繁殖种群。

7. 戈氏掘姬蛙

这种蛙十分多彩。它们在临时性的水洼中繁殖，卵会在短短的4~8周内发育成熟。有人认为这是为了避免卵被暴雨和洪水冲走。

8. 黑掌树蛙

这种蛙长长的脚趾之间有膜连接。它们住在树上，在树枝间跳跃。当受到威胁时，它们会从树上跳下，张开脚趾安全地滑翔。

9. 蔗蟾蜍

蔗蟾蜍具有毒腺，它们分泌出的毒液使得蔗蟾蜍对于大部分想吃掉它们的动物来说有毒。它们大量繁殖，有时一次产卵就有数千枚。

10. 钴蓝箭毒蛙

与大部分动物不同的是，雌性钴蓝箭毒蛙会为了争夺雄性而打斗。得胜的雌性会产下自己的卵，让雄性为其授精。

11. 背条锥吻蟾

背条锥吻蟾是锥吻蟾属的唯一物种，和其他两栖类有诸多不同。它们是穴居性的，一生中绝大多数时间在地下洞穴中度过，只在大雨时到地面交配。

12. 番茄蛙

当受到威胁时，番茄蛙会鼓起身体并分泌一种黏稠的物质。这是针对捕食者的防御机制，常常会使得对方扔掉它们。

1
2
3
4
5
6
7
8
9
10
11
12
13
14
15
16
17
18
19
20
21
22
23
24
25
26
27
28
29
30

13. 非洲爪蟾

这种蛙得名于后足上的3个短爪，它们用爪子撕裂鱼和蝌蚪，然后用前足把碎片抹进嘴里。

14. 东方铃蟾

受威胁时，东方铃蟾有时会翻过身来仰面朝天，向捕食者展示自己红黑相间的腹部，警告对方自己有毒。

15. 黑对趾蟾

黑对趾蟾有一种十分独特的御敌方式，它们会把四肢收到身下，低下头，假装自己是鹅卵石！如果它们身处斜坡上，还会向下滚落逃跑。

16. 负子蟾

这种蟾蜍的繁殖方式十分独特。雌性产下卵后，雄性把卵嵌入对方背部，让卵陷入皮肤形成小囊。当小蟾蜍从母亲背上“出生”之后，母亲会脱掉这层增厚的皮肤，重新开始繁殖。

17. 古氏龟蟾

古氏龟蟾和其他挖洞的蛙或蟾蜍不太一样，它们的前肢肌肉十分强壮。它们以白蚁为食，所以强壮的前肢也方便挖掘白蚁的巢。

18. 紫蛙

紫蛙在英文中也叫“pig-nosed frog”（猪鼻蛙，源于它们白色突出的口鼻部）。它们一生中多数时间在地下休眠，直到印度的季风期才来到地面繁殖。

19. 红眼叶蛙

这种树栖的蛙很容易通过其红色的眼睛和腿内侧的蓝色来辨认。它们是无毒的，但是鲜艳的色彩可能对捕食者有眩目的作用。

20. 苔藓棱皮树蛙（拟）

苔藓棱皮树蛙具有棕色和绿色的颗粒状皮肤，非常像覆盖了苔藓的石头。这是很有效的伪装手段。

21. 泽氏斑蟾

这种蛙因栖息地被破坏而极度濒危。它们栖息在嘈杂的急流中。因为生存环境噪声大，所以它们用信号交流——雄性常常挥舞前肢，引起雌性注意。

22. 大眼短头蛙

大眼短头蛙身体又小又圆，高频的叫声非同寻常，好像尖叫一样。它们是夜行性的，早上在沙子里挖洞隐蔽，晚上出来捕食昆虫。

23. 蓝腰斗士蛙

这种树蛙生活在南美洲的亚热带森林中，很容易通过其橙褐色的身体和两侧黑白相间的条纹进行辨认。

24. 大蟾蜍

大蟾蜍在远离水源（除了繁殖期）的浅洞中生活。它们爬着而不是跳跃着搜寻猎物，它们的食物包括昆虫、蜘蛛、蠕虫和蛞蝓等等。

大蟾蜍

25. 达尔文蟾

当蝌蚪在卵中开始蠕动时，雄蛙就会用舌头把卵放入自己的鸣囊里。在雄蛙体内，蝌蚪孵化后发育成蟾蜍。长到1厘米时，它们会从雄蛙的口中钻出来。

26. 巨谐蛙

巨谐蛙是现存最大的蛙类，体长可达32厘米，体重能达到3.2千克，一跃有3米多远。

27. 钟角蛙

这种角蛙是伏击捕食者，一动不动地等待着猎物经过。它们会尝试吃掉任何路过的动物，有时甚至试图吞下嘴里装不下的物体。

28. 美洲牛蛙

美洲牛蛙领地性很强，占主导地位的雄性会为了领地和雌性打斗。它们是伏击捕食者，取食鸟类、鱼、蛇、鼠和昆虫——基本上包括所有它们能吞下去的动物。

29. 金色曼蛙

这种小型蛙类能长到2.54厘米长。它们具有红色、橙黄色或者金色的皮肤，四肢较短，脚趾末端有黏性吸盘。

30. 理纹非洲树蛙

这种蛙白天和夜间的颜色、纹理不同。夜间，它们的颜色更亮，纹理更醒目。

图1. 蟾蜍和蛙

相同点和不同点

88%的两栖类物种属于无尾目，也就是蛙类。严格来说，蟾蜍是蛙类这个“家族”中更适应陆上生活的一小部分。大部分的蛙有湿润的皮肤，分布在靠近水体的潮湿栖息地中，后肢长而适于跳跃。而蟾蜍通常具有更加干燥的颗粒状皮肤，与蛙相比，能在更干燥的环境里生存。蟾蜍产的卵会形成卵带，并且蟾蜍通常具有毒腺。

红眼叶蛙

蔗蟾蜍

图2. 无尾目的生命周期

从蝌蚪到成体

蛙和蟾蜍大多在春季繁殖。首先，雌性要产卵（通常是在水中），然后雄性给卵授精。产卵的数量在不同物种中有所差异，要么是成堆的（卵泡），要么是一长条（蟾蜍卵带）。

卵会孵化成蝌蚪，蝌蚪具有腮和尾巴，能在水下呼吸（这个时期的体长根据物种而有所不同）。它们在水中游动、进食和发育。然后，它们的后肢开始发育，眼睛变得更像成体；之后长出前肢，尾巴逐渐被身体吸收。最后，在变态过程中，它们开始用肺呼吸空气，尾巴完全萎缩了。

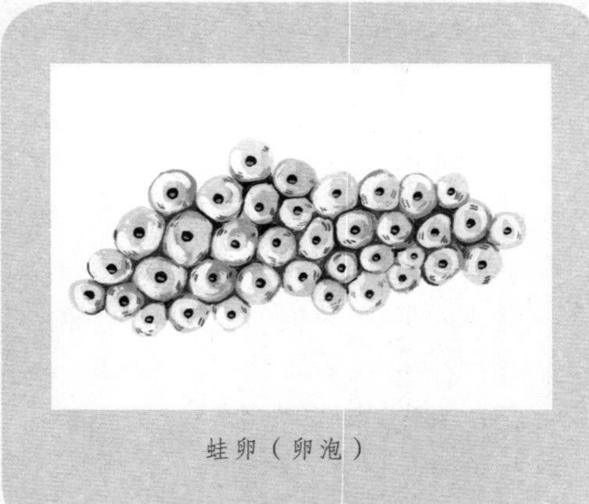

蛙卵（卵泡）

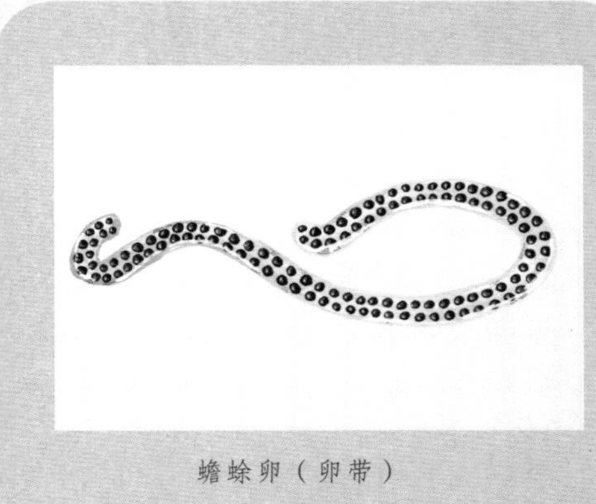

蟾蜍卵（卵带）

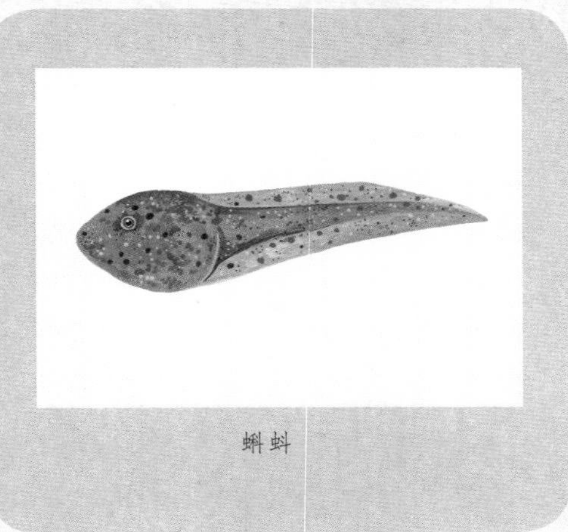

蝌蚪

有腿的蝌蚪

美洲牛蛙

1
3
4
5
6
2
8
9
10
7
11
14
12
15
16
13
17
18
19
20
21
22
23
24
25
28
30
29
26
27

蜘蛛目

Araneae，来自拉丁语arāneus（蜘蛛，蛛网）和eae（目）

蜘蛛目（各种蜘蛛）有近50000个物种，几乎所有物种都是昆虫和其他无脊椎动物的专业捕食者。据估计，蜘蛛每年要捕食6亿吨昆虫。蜘蛛目的成功依赖于它们敏锐的感觉系统、吐丝的能力，能注射毒液使猎物瘫痪的成对的螯牙。在温暖环境下，一些物种能长得很大。皇帝巴布捕鸟蛛八足展开后能轻易超过餐盘的尺寸。其他一些物种则有着鲜亮的颜色。例如，孔雀跳蛛是地球上最鲜艳、花纹样式最复杂的无脊椎动物之一。

1. 孔雀跳蛛

孔雀跳蛛有5毫米长，雄性的腹部颜色艳丽，它们在跳求偶舞蹈时会抬起腹部向雌性展示。如果雌性对雄性的舞蹈不感兴趣，可能会吃掉雄性。

2. 弓长棘蛛

这种蜘蛛的腹部上长而弯曲的棘刺被认为是用来抵御捕食者的，也有人认为它们是用来拟态植物的。

3. 微蛛亚科

这个包含大量物种的科在英国被叫作“money spider”（币蛛）。很多雄性个体的腹部有不同形状的附属结构，有可能是用来求偶的。

4. 陷阱异蛛（拟）

陷阱异蛛一生多数时间在地下度过。它们在地下挖洞，然后在洞口建造由蛛丝、泥土和植物构成的陷阱门。

5. 幽灵蛛科

这种科的蜘蛛体长2~10毫米，但是它们的足可能长达50毫米。除了过于寒冷的南极洲外，它们在其他大陆上都有分布。

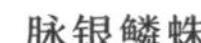

脉银鳞蛛

6. 脉银鳞蛛

脉银鳞蛛具有长长的绿色的足，腹部狭长，有银色、黄色和黑色组成的花纹。它们分布于美洲的东海岸。

7. 革带豹蛛

革带豹蛛在地面上捕食猎物，并不织网。它们追逐路过的猎物，扑到猎物身上用螯牙刺穿对方，将其杀死。

8. 海外转刺蛛（拟）

这种园蛛因为它们夜间织就的精美大网而闻名。它们每次蜕皮时都能改变自己的颜色，以便融入周围的环境中。

9. 横纹金蛛

虽然横纹金蛛的毒性并不强，但它们醒目的黄黑条纹是一种御敌机制，警告捕食者自己很危险，不要靠近。

10. 橙巴布蜘蛛

巴布蛛是非洲仅有的捕鸟蛛。它们能用腿相互摩擦，发出类似螽斯的奇特警报声。

11. 蟹蛛属

蟹蛛是伪装大师，能够改变颜色，隐入周围环境中。它们在花朵中伪装隐蔽，耐心等待猎物经过，然后突然扑上去!

12. 乳突棘腹蛛

这种棘腹蛛很容易通过其鲜艳的斑纹、螃蟹一样的外形和腹部突出的棘刺来进行辨认。

乳突棘腹蛛

绿松猫蛛

13. 绿松猫蛛（拟）

绿松猫蛛的动作像猫一样。它们并不织网，而是靠伪装混入周边环境来伏击猎物，像猫一样跳到空中扑向昆虫。

14. 墨西哥红膝短尾蛛

这种蜘蛛有着感觉敏锐的腿，它们的腿有味觉、嗅觉，甚至能感受到正在接近的天敌或猎物的声波振动。

15. 显社蛛（拟）

显社蛛织的网形状混乱，中间有一个漏斗形的栖身之所。雌性几乎不会离开自己的网，除非遇到危险或者缺乏食物。

16. 梅氏后蛛（拟）

梅氏后蛛不喜欢光照，生活在黑暗的洞穴或隧道中。但幼年个体会被光线吸引，因此可以移动到新的栖身之所。

17. 红斑寇蛛

红斑寇蛛被认为是北美洲毒性最强的蜘蛛，其一滴毒液的毒性比响尾蛇毒液高15倍！幸运的是，它们的叮咬虽然很疼却很少致死。

18. 黄昏花皮蛛

正如它们奇怪的英文俗名“northern spitting spider”（北部吐痰蛛）所描述的那样，黄昏花皮蛛能向猎物吐出一团黏稠带毒的物质，困住并杀死对方。

19. 水蛛

水蛛终生生活在水下。它们在水中织网并用尾部的刚毛携带空气到水底，让网中充满空气，成为自己的水下气室。

20. 蛇蛸腹蛛（拟）

蛇蛸腹蛛的躯干又瘦又长，好像小树枝一样。它们会垂下几缕蛛丝，等着小型蜘蛛撞在上面，然后扑下去进行捕捉。

21. 毛足络新妇（拟）

在英文中，毛足络新妇也叫作“banana spider”（香蕉蜘蛛），这个属是世界上最古老的蜘蛛类群之一，有的标本可以追溯到1.65亿年前！

22. 毕氏寇蛛（拟）

这种蜘蛛十分罕见，只分布在美国佛罗里达州的一些地区。毕氏寇蛛毒性很强，但很少与人类接触。

23. 矛兵奇蛛（拟）

这种形状奇特的蜘蛛常常靠着蛛丝吊在叶子和枝条上，等待着路过的蝇类发出嗡嗡的振动，然后用长而强壮的前肢抓住猎物。

24. 箭姬园蛛（拟）

箭姬园蛛的属名*Micrathena*来自英语的micro（意为“小”）和织布的女神Athena（雅典娜）。这种颜色鲜艳的蜘蛛织好网后会在网上蹲守猎物。

25. 橙黄金蛛（拟）

这种蜘蛛以能织出漂亮的网而知名，它们的网十分坚韧，能同时承受多个大型昆虫的体重。橙黄金蛛还会吃掉旧网，从而重新利用。

勇菲跳蛛

26. 勇菲跳蛛（拟）

勇菲跳蛛不织网，但是能靠长腿跳出自己身长的50倍距离，扑击猎物。

27. 笑脸蜘蛛

这种看起来十分阳光的蜘蛛令人印象深刻。与众不同的红黄花纹使得它们背上看似有个开心的笑脸。

28. 水涯狡蛛

水涯狡蛛靠着腿部短而防水的刚毛在水面上行走。它们凭借水面的涟漪确认猎物，然后划过水面发起攻击。

29. 野猪蛛

大多数蜘蛛孵化后就独自求生，但野猪蛛是少数几种在幼体孵化后会照料其一段时间的物种。

30. 檀隆头蛛（拟）

在英国，檀隆头蛛是受到威胁的物种，因为农业发展而失去了野外栖息地。实际上，人们曾认为它们已经灭绝，直到1980年才再次观察到它们。

图1. 蛛网

蜘蛛目的丝及其作用

蜘蛛目十分古老，已知的物种有将近50000种，未发现的还有很多。蜘蛛如今遍布除南极洲外的世界各个大洲，它们的祖先可能早于恐龙很久就出现了。

所有的蜘蛛都会吐丝。蛛丝的强度之高令人难以置信，蛛丝被蜘蛛用来攀爬、做成卵袋、包裹猎物，还有众所周知的织网。它们甚至可以用蛛丝来移动，放出蛛丝等待着被风吹走。

蜘蛛用腹部的腺体“纺织器”来制造蛛丝。它们能制造多达7种不同类型的丝，每种丝的用途不同。蛛丝是由不同的蛋白质结合而成的，在蜘蛛体内以液体形式储存。蜘蛛能制造有黏性的蛛丝，分泌一滴滴的黏液挂在网上，从而以不同的方式捕捉猎物。

蛛网的形态多种多样，有经典的圆形网，也有漏斗形网、螺旋网，以及房屋角落里乱糟糟的网。蛛网的尺寸各不相同，最大的蛛网来自达尔文树皮蛛，最长可达25米。

并非所有蜘蛛都结网——有的蜘蛛主动搜寻猎物，有的隐蔽起来伏击猎物，还有的用蛛丝捕食。流星锤蛛在丝线末端制造一个黏液球，然后挥动丝线把球砸向蛾子和蝇类。被砸中的猎物粘在球上，流星锤蛛收起丝线就可以享用猎物。

圆网

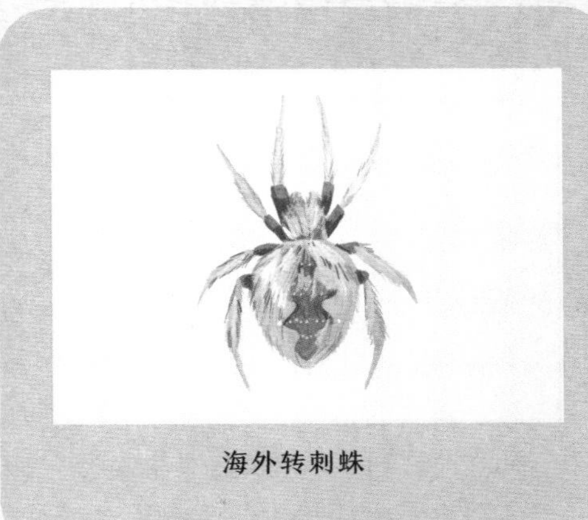

海外转刺蛛

图2. 蜘蛛的毒液

溶解毒素和神经毒素攻击

所有的蜘蛛都有螯牙。螯牙很适用于刺穿猎物，释放毒素。螯牙是有弧度的（有助于固定猎物），中间空心，尖端有小孔。空心的管通向毒腺，当螯牙刺进猎物体内时，毒液就会被挤压出来。

有些蜘蛛具有组织溶解毒素（能杀死伤口周围的细胞和组织），有些则是神经毒素（直接作用于神经系统，干扰神经信号传递，有时会导致呼吸困难和心脏衰竭）。蜘蛛毒液的毒性强弱不尽相同，虽然有一些毒液对人类来说比对蜘蛛的猎物更致命，但是所有的蜘蛛毒液对其本身针对的猎物都很有效。

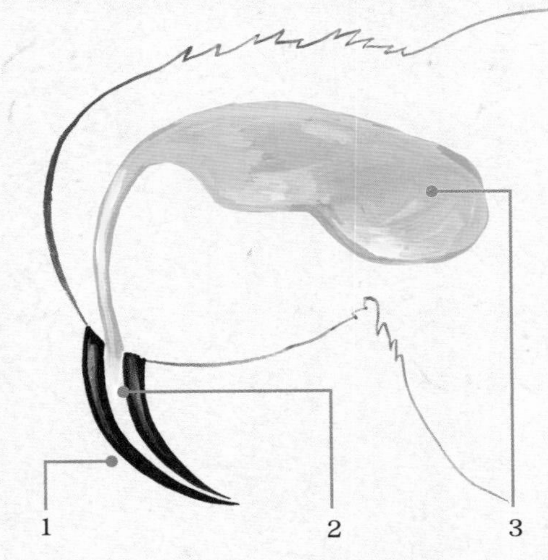

1. 螯牙
2. 毒液导管
3. 毒腺

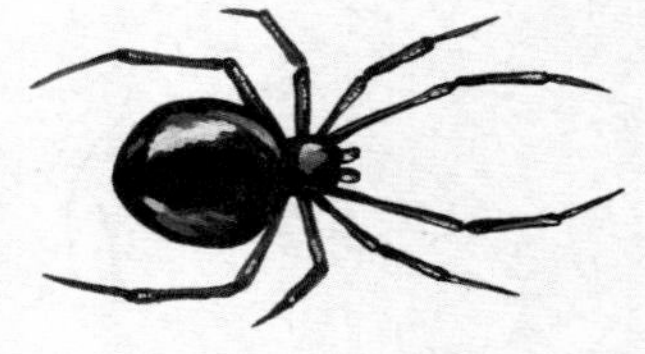

红斑寇蛛（黑寡妇蜘蛛）具有神经毒素。

术语表

背甲

覆盖动物背部的硬甲或者壳（有些是骨质，有些是几丁质）。

变态发育

动物生命周期中由一种形态向另一种形态的转变，如从毛虫到蝴蝶。

濒危物种

出于各种原因而存在灭绝风险的物种。

毒液

一些动物（比如蛇和蜘蛛）分泌的有毒液体，通过咬或蜇刺注入其猎物或者捕食者体内。

繁盛

生物以健康的方式生长发育，尤其是由生活环境所致的情况下。

分泌

产生并排出液体。

腐尸

死亡动物的腐烂肉体。

腹甲

龟鳖的身体下侧，龟壳的腹面。

巩膜环

巩膜环是脊椎动物中部分类群（除了哺乳类和部分爬行类）眼中的骨质环。它们支撑着眼部结构，特别是在眼并不是圆形的物种中。

虹彩

根据光线照射角度不同而变化闪烁的彩虹般的颜色。

化学通信

动物之间利用向环境释放或排放的化学物质或气味物质并借助于嗅觉器官进行的信息交流。

回声定位

齿鲸、蝙蝠等物种用来定位周遭环境中的物体和猎物的生物雷达系统。

喙

鸟类上下颌包被的硬角质鞘，即鸟的嘴。

寄生

某些物种生活在另一个物种体内或体表，并通过其摄取营养的行为。被寄生的物种叫寄主。

鲸须

须鲸口中的滤食系统。

灭绝

一个物种因没有个体存活而消失。

路杀

动物因在道路上发生交通事故而死亡。

胚胎

动物发育的初始阶段，通常仍在卵或者是子宫中。

皮内成骨

爬行类或者两栖类皮下沉积的骨骼，形成鳞片或骨板。

迁徙

动物（蝴蝶、鸟类等）每年从一地到另一地的迁移，通常是为了在温暖的地方越冬，以及繁殖。

鞘翅

甲虫等昆虫的一对硬化的前翅，具有保护作用。

肉垂

从鸡、火鸡等鸟类的喉部垂下的肉质附属器官。

适应

生物物种所发生的有益改变，使其能在特定的环境中生存发展。

树栖

动物适应在树上居住和移动的生活方式。

特化

物种为了适应某一种独特的生活环境而形成的局部器官过于发达的一种特异适应。

外骨骼

蜘蛛和昆虫等一些动物身体外层包裹着的保护性结构。

伪装

动物根据周围环境掩盖自己，从而防御捕食者的行为。

下颌/颚

哺乳类的下颌骨，或昆虫用来咬和压碎食物的一对口器。

性二型性

同一物种雌雄两性之间的形态差异。

休眠

动物生活史中生长发育和生命活动暂时停止的阶段，比如冬眠。

演化

特定物种在各种因素作用下（如自然选择）发生的逐渐变化。

自割

动物在遇到威胁时切断部分肢体（比如蜥蜴的尾巴）的行为。

学名对照表

食肉目Carnivora

蜜獾 *Mellivora capensis*
北海狮 *Eumetopias jubatus*
小熊猫 *Ailurus fulgens*
赤狐 *Vulpes vulpes*
棕熊 *Ursus arctos*
北美水獭 *Lontra canadensis*
美洲黑熊 *Ursus americanus*
白尾獴 *Ichneumia albicauda*
浣熊 *Procyon lotor*
灰狼 *Canis lupus*
猎豹 *Acinonyx jubatus*
鬃狼 *Chrysocyon brachyurus*
狐獴 *Suricata suricatta*
狮 *Panthera leo*
海象 *Odobenus rosmarus*
臭鼬 *Mephitis mephitis*
黑背胡狼 *Canis mesomelas*
紫貂 *Martes zibellina*
非洲灵猫 *Civettictis civetta*
加拿大猞猁 *Lynx canadensis*
伶鼬 *Mustela nivalis*
豹 *Panthera pardus*
虎 *Panthera tigris*
竖琴海豹 *Pagophilus groenlandicus*
斑鬣狗 *Crocuta crocuta*
鄂狐 *Vulpes zerda*
南象海豹 *Mirounga leonina*
马岛灵猫 *Fossa fossana*
蜜熊 *Potos flavus*
美洲水貂 *Neovison vison*

鲸目Cetacea

白鲸 *Delphinapterus leucas*
侏型飞旋海豚 *Stenella longirostris roseiventris*
瓜头鲸 *Peponocephala electra*
虎鲸 *Orcinus orca*
花斑原海豚 *Stenella frontalis*
沙漏斑纹海豚 *Lagenorhynchus cruciger*
侏抹香鲸 *Kogia sima*
一角鲸 *Monodon monoceros*
暗色斑纹海豚 *Lagenorhynchus obscurus*
伪虎鲸 *Pseudorca crassidens*
鼠海豚 *Phocoena phocoena*
大翅鲸（座头鲸） *Megaptera novaeangliae*
宽吻海豚 *Tursiops truncatus*
灰海豚 *Grampus griseus*
抹香鲸 *Physeter macrocephalus*
谢氏塔喙鲸 *Tasmacetus shepherdi*
加湾鼠海豚 *Phocoena sinus*
拉普拉塔河河豚 *Pontoporia blainvillei*
小露脊鲸 *Caperea marginata*
短吻飞旋原海豚 *Stenella clymene*
长肢领航鲸 *Globicephala melas*
哥氏中喙鲸 *Mesoplodon grayi*
亚河豚 *Inia geoffrensis*
窄脊江豚 *Neophocaena asiaeorientalis*
贺氏中喙鲸 *Mesoplodon hectori*
灰鲸 *Eschrichtius robustus*
塞鲸 *Balaenoptera borealis*
新西兰黑白海豚 *Cephalorhynchus hectori*
柯氏喙鲸 *Ziphius cavirostris*
侏小须鲸 *Balaenoptera acutorostrata*
蓝鲸 *Balaenoptera musculas*

灵长目Primates

菲律宾眼镜猴 *Carlito syrichta*
白掌长臂猿 *Hylobates lar*
长须狨 *Saguinus imperator*
树熊猴 *Perodicticus potto*
褐吼猴 *Alouatta guariba*
白臀叶猴 *Pygathrix nemaeus*
贝氏倭狐猴 *Microcebus berthae*
环尾狐猴 *Lemur catta*
白脸僧面猴 *Pithecia pithecia*
红领狐猴 *Varecia rubra*
金狮面狨 *Leontopithecus rosalia*
白喉卷尾猴 *Cebus imitator*
指猴 *Daubentonia madagascariensis*
川金丝猴 *Rhinopithecus roxellana*
黑叶猴 *Trachypithecus francoisi*
鬼夜猴 *Aotus lemurinus*
大狐猴 *Indri indri*
日本猴 *Macaca fuscata*
婆罗洲猩猩 *Pongo pygmaeus*
伯氏伶猴 *Plecturocebus bernhardi*
白秃猴 *Cacajao calvus*
克氏毛狐猴 *Avahi cleesei*
侏狨 *Cebuella pygmaea*
蜂猴 *Nycticebus coucang*
巴拿马松鼠猴 *Saimiri oerstedii*
马岛鼬狐猴 *Lepilemur dorsalis*
长鼻猴 *Nasalis larvatus*
婴猴 *Galago senegalensis*
山魈 *Mandrillus sphinx*
西部大猩猩 *Gorilla gorilla*
东部大猩猩 *Gorilla beringei*

啮齿目Rodentia

多纹黄鼠 *Ictidomys tridecemlineatus*
无尾刺豚鼠 *Cuniculus paca*
丽仓鼠 *Calomyscus bailwardi*
北美河狸 *Castor canadensis*
刺山鼠 *Platacanthomys lasiurus*
欧亚红松鼠 *Sciurus vulgaris*
四趾跳鼠 *Allactaga tetradactyla*
智利八齿鼠 *Octodon degus*
黑尾草原犬鼠 *Cynomys ludovicianus*
园睡鼠 *Eliomys quercinus*
长尾豚鼠 *Dinomys branickii*
非洲岩鼠 *Petromus typicus*
老挝岩鼠 *Laonastes aenigmamus*
马岛仓鼠 *Hypogeomys antimena*
刺豚鼠属 *Dasyprocta*
欧旅鼠 *Lemmus lemmus*
跳兔 *Pedetes capensis*
拉布拉多白足鼠 *Peromyscus maniculatus*
北美飞鼠 *Glaucomys sabrinus*
囊鼠科 *Geomyidae*
海狸鼠 *Myocastor coypus*
短尾毛丝鼠 *Chinchilla chinchilla*
梳齿鼠 *Ctenodactylus gundi*
阿根廷长耳豚鼠 *Dolichotis patagonum*
弗雷兹诺更格卢鼠 *Dipodomys nitratoides*
普氏松鼠 *Callosciurus prevostii*
水豚 *Hydrochoerus hydrochaeris*
裸鼹鼠 *Heterocephalus glaber*
栉鼠科 *Ctenomyidae*
非洲冕豪猪 *Hystrix cristata*
褐家鼠 *Rattus norvegicus*
小家鼠 *Mus musculus*

雀形目 Passeriformes

白颈岩鹛 *Picathartes gymnocephalus*
黑顶山雀 *Poecile atricapillus*
加拿大威森莺 *Cardellina canadensis*
家燕 *Hirundo rustica*
暗冠蓝鸦 *Cyanocitta stelleri*
橙腹拟鹂 *Icterus galbula*
丽彩鹀 *Passerina ciris*
黑颏穗鹛 *Stachyridopsis pyrrhops*
灰胸林鹑 *Henicorhina leucophrys*
黄腹花蜜鸟 *Cinnyris jugularis*
刺尾鸫 *Orthonyx temminckii*
家麻雀 *Passer domesticus*
新几内亚极乐鸟 *Paradisaea raggiana*
金啸鹟 *Pachycephala pectoralis*
金冠戴菊 *Regulus satrapa*
灰头椋鸟 *Sturnia malabarica*
斑翅食蜜鸟 *Pardalotus punctatus*
和平鸟 *Irena puella*
林百灵 *Lullula arborea*

白胸䴓 *Sitta carolinensis*
乳白冠娇鹟 *Lepidothrix iris*
白眉冠山雀 *Baeolophus wollweberi*
黄喉莺雀 *Vireo flavifrons*
白眼黑鹟 *Melaenornis fischeri*
太平鸟 *Bombycilla garrulus*
欧亚鸲 *Erithacus rubecula*
隐夜鸫 *Catharus guttatus*
北美红雀 *Cardinalis cardinalis*
短嘴鸦 *Corvus brachyrhynchos*
褐河乌 *Cinclus pallasii*
褐色园丁鸟 *Amblyornis inornata*

鸮形目Strigiformes

仓鸮 *Tyto alba*
北美鸺鹠 *Glaucidium californicum*
猛鹰鸮 *Ninox strenua*
美洲雕鸮 *Bubo virginianus*
冠鸮 *Lophostrix cristata*
斯里兰卡角鸮 *Otus thilohoffmanni*
娇鸺鹠 *Micrathene whitneyi*
乌草鸮 *Tyto tenebricosa*
栗鸮 *Phodilus badius*
长须鸺鹠 *Xenoglaux loweryi*
点斑林鸮 *Strix seloputo*
乌林鸮 *Strix nebulosa*
林斑小鸮 *Athene blewitti*
古巴角鸮 *Margarobyas lawrencii*
眼镜鸮 *Pulsatrix perspicillata*
黄褐林鸮 *Strix aluco*
领角鸮 *Otus lettia*
横斑林鸮 *Strix varia*
美洲角鸮 *Psiloscops flammeolus*
纹鸮 *Pseudoscops clamator*
东美角鸮 *Megascops asio*
厄瓜多尔鸺鹠 *Glaucidium nubicola*
所罗门鸮 *Nesasio solomonensis*
沼泽耳鸮 *Asio capensis*
棕榈鬼鸮 *Aegolius acadicus*
穴小鸮 *Athene cunicularia*
林雕鸮 *Bubo nipalensis*
雪鸮 *Bubo scandiacus*
白脸角鸮 *Ptilopsis leucotis*
猛鸮 *Surnia ulula*
短耳鸮 *Asio flammeus*

鸡形目Galliformes

绿原鸡 *Gallus varius*
单盔凤冠雉 *Pauxi unicornis*
眼斑火鸡 *Meleagris ocellata*
冕鹧鸪 *Rollulus rouloul*
黑鹇 *Lophura leucomelanos*
灌丛冢雉 *Alectura lathami*
鹫珠鸡 *Acryllium vulturinum*
石鸡 *Alectoris chukar*
红腹锦鸡 *Chrysolophus pictus*
灰山鹑 *Perdix perdix*
橙脚冢雉 *Megapodius reinwardt*
雉鸡 *Phasianus colchicus*
蓝孔雀 *Pavo cristatus*
纯色小冠雉 *Ortalis vetula*

草原松鸡 *Tympanuchus cupido*
珠鸡 *Numida meleagris*
柳雷鸟 *Lagopus lagopus*
大凤冠雉 *Crax rubra*
冢雉 *Macrocephalon maleo*
黄颈裸喉鹧鸪 *Pternistis leucoscepus*
红胸角雉 *Tragopan satyra*
巴拉望孔雀雉 *Polyplectron napoleonis*
枞树镰翅鸡 *Falcipennis canadensis*
棕尾虹雉 *Lophophorus impejanus*
山翎鹑 *Oreortyx pictus*
戴氏火背鹇 *Lophura diardi*
褐镰翅冠雉 *Chamaepetes goudotii*
红原鸡 *Gallus gallus*
火鸡 *Meleagris gallopavo*
珠颈斑鹑 *Callipepla californica*
绿孔雀 *Pavo muticus*

鲈形目Perciformes

小吻四鳍旗鱼 *Tetrapturus angustirostris*
福氏羽鳃鲐 *Rastrelliger faughni*
大鳞魣 *Sphyraena barracuda*
黄鲈 *Perca flavescens*
兰副双边鱼 *Parambassis ranga*
隆背笛鲷 *Lutjanus gibbus*
高菱鲷 *Antigonia capros*
眼斑双锯鱼 *Amphiprion ocellaris*
流苏鮀 *Girella fimbriata*
角镰鱼 *Zanclus cornutus*
尖鳍金鎓 *Cirrhitichthys oxycephalus*
射水鱼 *Toxotes jaculatrix*
拉利毛足鲈 *Trichogaster lalius*
眼眶鱼 *Mene maculata*
眼斑拟唇鱼 *Pseudocheilinus ocellatus*
布氏大眼鲷 *Priacanthus blochii*
红海刺尾鱼 *Acanthurus sohal*
大口线塘鳢 *Nemateleotris magnifica*
大西洋弹涂鱼 *Periophthalmus barbarus*
鲯鳅 *Coryphaena hippurus*
斯氏真蛇鳚 *Ophioblennius steindachneri*
扬幡蝴蝶鱼 *Chaetodon auriga*
斑点龙䲢 *Trachinus araneus*
大神仙鱼 *Pterophyllum scalare*
突颌月鲹 *Selene vomer*
巴西刺盖鱼 *Pomacanthus paru*
蓝鳃太阳鱼 *Lepomis macrochirus*
多斑拟鲈 *Parapercis hexophtalma*
短䲟 *Remora remora*
云斑丝鳍鎓 *Chironemus marmoratus*
南方羊鲷 *Archosargus probatocephalus*

鳞翅目Lepidoptera

月尾大蚕蛾 *Actias luna*
贞白脉灯蛾（拟） *Grammia virgo*
象形文瘤蛾（拟） *Diphthera festiva*
螯灰蝶 *Strymon melinus*
饰星灯蛾（拟） *Utetheisa ornatrix*
黄绢斑蝶 *Parantica aspasia*
君主斑蝶 *Danaus plexippus*
碎滴弄蝶 *Pholisora catullus*
白裳蓝袖蝶 *Heliconius sapho*
珀凤蝶 *Papilio polyxenes*

蚁豆粉蝶 *Colias myrmidone*
惜古比天蚕蛾 *Hyalophora cecropia*
杨黄脉天蛾（拟） *Laothoe populi*
伊莎贝尔虎蛾 *Pyrrharctia isabella*
豹灯蛾 *Arctia caja*
珠袖蝶 *Dryas iulia*
赭带鬼脸天蛾 *Acherontia atropos*
眼纹天蚕蛾 *Automeris io*
翠叶红颈凤蝶 *Trogonoptera brookiana*
绿贝矩蛱蝶/帕绿矩蛱蝶 *Protogoniomorpha parhassus*
特拉华红弄蝶 *Anatrytone logan*
孔雀大蚕蛾（拟） *Saturnia pavonia*
红棒球灯蛾 *Tyria jacobaeae*
象形文夜蛾 *Baorisa hieroglyphica*
长尾弄蝶 *Urbanus proteus*
北美眼蛱蝶 *Junonia coenia*
黄条袖蝶 *Heliconius charithonia*
黑框蓝闪蝶 *Morpho peleides*
多帘灰蝶 *Epidemia dorcas*

蜻蜓目Odonata

长叶异痣蟌 *Ischnura elegans*
巨顶蜓（拟） *Coryphaeschna ingens*
寡斑蜻（拟） *Libellula luctuosa*
染色蟌（拟） *Calopteryx maculata*
林氏沼伪蜻（拟） *Williamsonia lintneri*
北极金光伪蜻 *Somatochlora arctica*
侏红小蜻 *Nannophya pygmaea*
普通春蜓（拟） *vulgatissimus*
蓝晏蜓 *Aeshna cyanea*
烟色惰蟌（拟） *Argia fumipennis*
条纹色蟌 *Calopteryx virgo*
帝王伟蜓 *Anax imperator*
美洲姬色蟌（拟） *Hetaerina americana*
蓝尾异痣蟌（拟） *Ischnura heterosticta*
陶半伪蜻（拟） *Hemicordulia tau*
背斑大蜓（拟） *Cordulegaster dorsalis*
黄蜻 *Pantala flavescens*
红斑蜻（拟） *Libellula croceipennis*
点斑毛伪蜻（拟） *Epitheca petechialis*
条斑赤蜻 *Sympetrum striolatum*
心斑绿蟌 *Enallagma cyathigerum*
皇丽翅蜻（拟） *Rhyothemis princeps*
秃黄蟌（拟） *Ceriagrion glabrum*
日本昔蜓 *Epiophlebia superstes*
晓褐蜻 *Trithemis aurora*
锥腹蜻 *Acisoma panorpoides*
基斑蜻 *Libellula depressa*
美斑蜻（拟） *Libellula pulchella*
蓝大痣蟌 *Megaloprepus caerulatus*
壶腹伪蜻（拟） *Dorocordulia libera*

鞘翅目Coleoptera

分爪负泥虫 *Lilioceris lilii*
斑鞘饰瓢虫（拟） *Coleomegilla maculata*
楔斑溜瓢虫 *Olla v-nigrum*
发光巫萤（拟） *Photuris lucicrescens*
魔鬼彩虹蜣螂 *Phanaeus demon*
白翅长足甲（拟） *Onymacris candidipennis*
加州吉蕈甲（拟） *Gibbifer californicus*
爪哇琴步甲 *Mormolyce phyllodes*
五线跳甲 *Disonycha quinque lineata*

二十二星菌瓢虫 *Psyllobora vigintiduopunctata*
御夫耀金龟（拟） *Chrysina aurigans*
小圆皮蠹 *Anthrenus verbasci*
葡萄斑丽金龟（拟） *Pelidnota punctata*
绿虎甲 *Cicindela campestris*
沟纹阿龙虱（拟） *Acilius sulcatus*
条带根萤叶甲（拟） *Diabrotica balteata*
金大步甲（拟） *Carabus auratus*
拟小丑隐头叶甲（拟） *Cryptocephalus pseudomaccus*
巨人角花金龟（拟） *Mecynorhina polyphemus*
火腿皮蠹 *Dermestes lardarius*
宾州凸颚花萤（拟） *Chauliognathus pensylvanicus*
白缘铜鳞叩甲（拟） *Chalcolepidius limbatus*
欧洲锹甲 *Lucanus cervus*
长颚糙颈天牛 *Trachyderes mandibularis*
异截颚吉丁 *Temognatha alternata*
顺氏丽鳞象甲 *Eupholus schoenherri*
宽三叉红萤 *Trichalus ampliatus*
马铃薯叶甲 *Leptinotarsa decemlineata*
长戟犀金龟 *Dynastes hercules*
美洲长牙大天牛 *Macrodontia cervicornis*
大王花金龟 *Goliathus goliatus*
虎纹大角花金龟 *Goliathus albosignatus*
微羽缨甲 *Ptenidium pusillum*

膜翅目Hymenoptera

长颊熊蜂 *Bombus hortorum*
鲍氏大齿猛蚁（拟） *Odontomachus bauri*
角额壁蜂 *Osmia cornifrons*
澳洲蜾蠃（拟） *Abispa ephippium*
袖黄斑蜂 *Anthidium manicatum*
大树蜂 *Urocerus gigas*
憎恶火蚁 *Solenopsis molesta*
黑毛蚁 *Lasius niger*
大蜜蜂 *Apis dorsata*
卡氏刻柄茧蜂（拟） *Atanycolus cappaerti*
加州木蜂（拟） *Xylocopa californica*
藓状熊蜂 *Bombus muscorum*
幻影兰花蜂（拟） *Euglossa dilemma*
金环胡蜂 *Vespa mandarinia*
拟态蜜罐蚁 *Myrmecocystus mimicus*
蓝黑蚁小蜂（拟） *Pseudochalcura nigrocyanea*
大鸟沟蛛蜂（拟） *Pepsis grossa*
加州蓝泥蜂（拟） *Chalybion californicum*
额斑黄胡蜂 *Vespula maculifrons*
黑头酸臭蚁 *Tapinoma melanocephalum*
棕黄地蜂（拟） *Andrena fulva*
德国黄胡蜂 *Vespula germanica*
加州长尾小蜂 *Torymus californicus*
玫瑰三节叶蜂 *Arge pagana*
黄猄蚁 *Oecophylla smaragdina*
龟蚁属 *Cephalotes*
东方胡蜂 *Vespa orientalis*
切叶蚁 *Atta*或*Acromyrmex*
果园壁蜂 *Osmia lignaria*
宾州泥蜂（拟） *Sphex pensylvanicus*

有鳞目Squamata

伊比利亚蚓蜥 *Blanus cinereus*
黄水蚺 *Eunectes notaeus*
斑驳夜蜥 *Xantusia henshawi*
大壁虎 *Gekko gecko*
阿鲁巴鞭尾蜥 *Cnemidophorus arubensis*
西部石龙子 *Plestiodon skiltonianus*
闪鳞蛇 *Xenopeltis unicolor*
方格短头蚓蜥 *Trogonophis wiegmanni*
西部缨尾蜥 *Holaspis guentheri*
极北蝰 *Vipera berus*
美国毒蜥 *Heloderma suspectum*
伊比利亚岩蜥 *Iberolacerta monticola*
钩盲蛇 *Indotyphlops braminus*
角叶尾守宫 *Uroplatus phantasticus*
太阳角蜥 *Phrynosoma solare*
加拉帕戈斯粉红陆鬣蜥 *Conolophus marthae*
绿树蟒 *Morelia viridis*
蓝灰扁尾海蛇 *Laticauda colubrina*
蛇蜥 *Anguis fragilis*
白喉巨蜥 *Varanus albigularis*
五趾双足蚓蜥 *Bipes biporus*
马达加斯加叶吻蛇 *Langaha madagascariensis*
鳄蜥 *Shinisaurus crocodilurus*
盔甲避役 *Chamaeleo calyptratus*
印度眼镜蛇 *Naja naja*
布氏扁身环尾蜥（拟） *Platysaurus broadleyi*
绿蔓蛇 *Oxybelis fulgidus*
绿安乐蜥 *Anolis carolinensis*
澳洲魔蜥 *Moloch horridus*
伞蜥 *Chlamydosaurus kingii*

龟鳖目Testudines

马达加斯加壮龟 *Erymnochelys madagascariensis*
菱斑龟 *Malaclemys terrapin*
地龟 *Geoemyda spengleri*
佛罗里达穴陆龟 *Gopherus polyphemus*
安哥洛卡陆龟 *Astrochelys yniphora*
鹰嘴珍陆龟 *Homopus areolatus*
锦箱龟 *Terrapene ornata*
黄斑图龟 *Graptemys flavimaculata*
布氏拟龟 *Emydoidea blandingii*
扁陆龟 *Malacochersus tornieri*
玛塔蛇颈龟 *Chelus fimbriata*
棱皮龟 *Dermochelys coriacea*
蝎形动胸龟 *Kinosternon scorpioides*
斑点水龟 *Clemmys guttata*
锦龟 *Chrysemys picta*
玳瑁 *Eretmochelys imbricata*
锯缘东方龟 *Heosemys spinosa*
卡罗莱纳箱龟 *Terrapene carolina*
平胸龟 *Platysternon megacephalum*
密西西比麝香龟 *Sternotherus odoratus*
纳氏伪龟 *Pseudemys nelsoni*
刺鳖 *Apalone spinifera*
三线闭壳龟 *Cuora trifasciata*
泥龟 *Dermatemys mawii*
澳洲长颈龟 *Chelodina longicollis*
加拉帕戈斯象龟 *Chelonoidis nigra*
蛇鳄龟 *Chelydra serpentina*
乌龟 *Mauremys reevesii*
红腿陆龟 *Geochelone carbonaria*
印度星龟 *Geochelone elegans*

无尾目Anura

峨眉髭蟾 *Leptobrachium boringii*
刺玻璃蛙 *Teratohyla spinosa*
产婆蟾 *Alytes obstetricans*
草莓箭毒蛙 *Oophaga pumilio*
日本蟾蜍 *Bufo japonicus*
多色斑蟾 *Atelopus varius*
戈氏掘姬蛙 *Scaphiophryne gottlebei*
黑掌树蛙 *Rhacophorus nigropalmatus*
蔗蟾蜍 *Rhinella marina*
钴蓝箭毒蛙 *Dendrobates tinctorius "azureus"*
背条锥吻蟾 *Rhinophrynus dorsalis*
番茄蛙 *Dyscophus antongilii*
非洲爪蟾 *Xenopus laevis*
东方铃蟾 *Bombina orientalis*
黑对趾蟾 *Oreophrynella nigra*
负子蟾 *Pipa pipa*
古氏龟蟾 *Myobatrachus gouldii*
紫蛙 *Nasikabatrachus sahyadrensis*
红眼叶蛙 *Agalychnis callidryas*
苔藓棱皮树蛙（拟） *Theloderma corticale*
泽氏斑蟾 *Atelopus zeteki*
大眼短头蛙 *Breviceps macrops*
蓝腰斗士蛙 *Hypsiboas calcaratus*
大蟾蜍 *Bufo bufo*
达尔文蟾 *Rhinoderma darwinii*
巨谐蛙 *Conraua goliath*
钟角蛙 *Ceratophrys ornata*
美洲牛蛙 *Rana catesbeiana*
金色曼蛙 *Mantella aurantiaca*
理纹非洲树蛙 *Hyperolius marmoratus*

蜘蛛目Araneae

皇帝巴布捕鸟蛛 *Pelinobius muticus*
孔雀跳蛛 *Maratus volans*
弓长棘蛛 *Macracantha arcuata*
微蛛亚科 *Erigoninae*
陷阱异蛛（拟） *Arbanitis rapax*
幽灵蛛科 *Pholcidae*
脉银鳞蛛 *Leucauge venusta*
革带豹蛛 *Pardosa amentata*
海外转刺蛛（拟） *Eriophora transmarina*
横纹金蛛 *Argiope bruennichi*
橙巴布蜘蛛 *Pterinochilus murinus*
蟹蛛属 *Thomisus*
乳突棘腹蛛 *Gasteracantha cancriformis*
绿松猫蛛（拟） *Peucetia viridans*
墨西哥红膝短尾蛛 *Brachypelma smithi*
显社蛛（拟） *Badumna insignis*
梅氏后蛛（拟） *Meta menardi*
红斑寇蛛 *Latrodectus mactans*
黄昏花皮蛛 *Scytodes thoracica*
水蛛 *Argyroneta aquatica*
蛇蚓腹蛛（拟） *Ariamnes colubrinus*
毛足络新妇（拟） *Nephila clavipes*
毕氏寇蛛（拟） *Latrodectus bishopi*
矛兵奇蛛（拟） *Arkys lancearius*
箭姬园蛛（拟） *Micrathena sagittata*
橙黄金蛛（拟） *Argiope aurantia*
勇菲跳蛛（拟） *Phidippus audax*
笑脸蜘蛛 *Theridion grallator*
水涯狡蛛 *Dolomedes fimbriatus*
野猪蛛 *Dysdera crocata*
檀隆头蛛（拟） *Eresus sandaliatus*